U0278491

HERMES

在古希腊神话中,赫耳墨斯是宙斯和迈亚的儿子,奥林波斯神们的信使,道路与边界之神,睡眠与梦想之神,亡灵的引导者,演说者、商人、小偷、旅者和牧人的保护神……

西方传统　经典与解释　**HERMES**
Classici et Commentarii

启蒙研究丛编
Library of Studies in Enlightenment

刘小枫◎主编

动物哲学

Philosophie Zoologique

[法] 拉马克 Jean-Baptiste de Lamarck　｜　著

沐绍良　｜　译

张遥　｜　校

华夏出版社

古典教育基金·蒲衣子资助项目

"启蒙研究丛编"出版说明

　　如今我们生活在两种对立的传统之中，一种是有三千年历史的古典传统，一种是反古典传统的现代启蒙传统。这个反传统的传统在西方已经有五百多年历史，在中国也有一百年历史。显然，这个新传统占据着当今文化的主流。

　　近代以来，中国突然遭遇西方强势国家夹持启蒙文明所施加的巨大压迫，史称"三千年未有之大变局"。一百年前的《新青年》吹响了中国的启蒙运动号角，以中国的启蒙抗争西方的启蒙。一百年后的今天，历史悠久的文明中国焕然一新，但古典传统并未因此而荡然无存。全盘否定"五四"新文化运动以来的反传统的传统，无异于否定百年来无数中国志士仁人为中国文明争取独立自主而付出的心血和生命。如今，我们生活在反传统的新传统之中，既要继承中国式的启蒙传统精神，也要反省西方启蒙传统所隐含的偏颇。如果中国的启蒙运动与西方的启蒙运动出于截然不同的生存理由，那么中国的启蒙理应具有不同于西方启蒙的精神品质。

　　百年来，我国学界译介了无以计数的西方启蒙文化的文史作品，迄今仍在不断增进，但我们从未以审视的目光来看待西方的启蒙文化传统。如果要更为自觉地继承争取中国文明独立自主的中国式启蒙精神，避免复制西方启蒙文化传统已经呈现出来的显而易见的流弊，那么，我们有必要从头开始认识西方启蒙传统的来龙去脉，以便更好地取其精华、去其糟粕。事实上，西方的启蒙传统在其形成过程中也同时形成了一种反启蒙的传统。深入认识西方的启蒙与反启蒙之争，对于庚续清末以来我国学界理解西方文明的未竟之业，无疑具有重大的现实意义和历史意义。

本丛编以译介西方的启蒙与反启蒙文史要籍为主，亦选译西方学界研究启蒙文化的晚近成果，为我国学界拓展文史视域、澄清自我意识尽绵薄之力。

古典文明研究工作坊

西方经典编译部丁组

2017 年 7 月

目　录

第一卷　动物的自然志

编校者说明

近代中国，面对列强的大举入侵，觅法救亡图存，成为一时有识之士念兹在兹之要务。如中山先生所言：

> 方今强邻环列，虎视鹰瞵，久垂涎于中华五金之富、物产之饶。蚕食鲸吞，已效尤于接踵；瓜分豆剖，实堪虑于目前。有心人不禁大声疾呼，亟拯斯民于水火，切扶大厦之将倾。（《兴中会章程》）

在"五四"之前的"有心人"之中，影响最大的思潮莫过于进化论。1897年，严复翻译的《天演论》出版，一时间石破天惊，社会达尔文主义迅速风行全国，以至于旅居日本的鲁迅先生感慨"中国迩日，进化之语，几成常言"（《人之历史》）。

一种思潮的风行不可能不产生政治上的后果，而进化论尤其成为近代中国许多仁人志士推动社会变革的思想武器，如康有为以进化论改铸"公羊三世说"，认为"盖自据乱进为升平，升平渐为太平，进化由渐，因革有因，验之万国，莫不同风"（《论语注》）。

章太炎认为民智的进退，亦合于"用进废退"之原则：

> 人之怠用其智力者，萎废而为康蜼，人迫之使入于幽
> 谷，夭阏天明，令其官骸不得用其智力者，亦萎废而为康
> 蜼。(《訄书·原变》)

因此，与其消极等待民智渐开再做政治变革，不如积极革命
以启民智。

> 长素以为中国今日之人心，公理未明，旧俗俱在，革命
> 以后，必将日寻干戈，偷生不暇，何能变法救民，整顿内
> 治……则应之曰：人心之智慧，自竞争而后发生，今日之民
> 智，不必恃佗事以开之，而但恃革命以开之……人心进化，
> 孟晋不已。以名号言，以方略言，经一竞争，必有胜于前
> 者……公理之未明，即以革命明之；旧俗之俱在，即以革命
> 去之。(《驳康有为论革命书》)

可以毫不夸张地说，自严复、康有为以降的数代政治活动
家，其社会历史观的形成，几乎无不受到进化论的强烈影响。因
此理解进化论，绝非仅仅是一个"赛先生"层面的问题，更是理
解近代中国政治思想史的关键。

近代第一个全面的进化论猜想，是法国博物学家拉马
克（1744—1829）在1809年发表的《动物哲学》(*Philosophie*

zoologique）中提出的，此时距达尔文的《物种起源》面世，尚有半个世纪。拉马克猜想，自然发生（génération spontanée）在具有固定渐进趋势的平行世系中，不断地把简单的生命变为更复杂的生命，并推测，在局部层面，下一代会通过遗传他们父母用进废退的器官以适应环境，此之谓"获得性遗传"。

然而，拉马克的学说自提出以来，长期不为学界所容，鲁迅先生曾分析个中原因：

> 试翻《动物哲学》一书，殆纯以一元论眼光，烛天物之系统，而所凭借，则进化论也。故进化论之成，自破神造说始。兰麻克（即拉马克）亦如圣契黎（今作"圣伊莱尔"）然，力驳寇伟（今作"居维叶"），而不为世所知。盖当是时，生物学之研究方殷，比较解剖及生理之学亦盛，且细胞说初成，更近于个体发生学者一步，于是萃人心于一隅，遂蔑有致意于物种由来之故者。而一般人士，又笃守旧说，得新见无所动其心，故兰麻克之论既出，应者寂然。（《人之历史》）

可见，拉马克理论的沉寂，很大程度上是时代局限使然。随着二十世纪五十年代表观遗传学的兴起，拉马克的猜想一定程度上得到了分子生物学的验证，其理论又重新引起了人们的重视。因此，无论是出于了解作为科学猜想的进化论的需要，还是出于理解中国近代政治思想史的必要，拉马克的《动物哲学》都值得我们关注。

幸而此书的核心内容在二十世纪三十年代即有汉译（上海：商务印书馆，1937），译者是浙江宁波人沐绍良先生（1912—1969），民国时期的新语文大家。新中国成立后，沐先生任上海商务印书馆《新儿童世界》杂志主编，并为《开明少年》《中华少年》《展望》等刊物写稿，编写《幼童算术课本》《幼童语文课本》《幼童常识课本》《劳动英雄的故事》等儿童读物。他的《动物哲学》中译本信实典雅，流畅可读。由于时代原因，沐绍良先生在翻译此书时，许多专名、通名及术语尚无统一的译法，部分甚至根本没有汉语词汇可对译，只好保留原文，以致今天的读者阅读起来，会感到些许陌生或不适。为尽可能弥补这些因时代原因落下的遗憾，方便今天的读者了解拉马克的学说，笔者对译文进行了校改，所依底本为：

Lamarck, Jean Baptiste Pierre Antoine de Monet de. *Philosophie Zoologique: Ou Exposition; Des Considerations Relative à L'histoire Naturelle Des Animaux*. 2 Vols. Cambridge: Cambridge University Press, 2011.

对于此次校改所涉内容，兹择要说明如下：

一、根据新华社译名室编《法语译名手册》（第二版）和新华通讯社译名资料组编《英语姓名译名手册》（第四版）重译了所有人名，所有地名均亦依如今的常用译法改译。

二、订正了一些生物学和医学专名，以与今日的常用译法相一致。对于一些词语的用字，如"刺戟（激）""部份

（分）""分枝（支）""那（哪）个""那末（么）"，等等，在不影响阅读的情况下，一仍其旧。

三、少数专名的翻译前后不一致，今予以统一；原译没有翻译的专名、术语等，尽量补译；少许错译及技术性错误，予以订正。诸多标点符号用法，亦按当今的出版规范改正。

四、拉马克原文以斜体表示强调的地方，本书以楷体标出。

五、原译的章末尾注和随文注释统一调整为脚注，拉马克的原注、译者的注和笔者的注分别以"［原注］""［译注］""［校注］"标出。

张遥

2022 年 7 月于武汉

译者序

拉马克的《动物哲学》是一部名著，译者不学无文，原不配担任这样重大的译述工作；这并不是谦虚，是千真万确的自白。

可是，这部名著却终于被译者译出了。杀青之后，译者觉得有两点有向读者提出报告的必要：

第一，译者起初因只有原书的日译本（小泉丹、山田吉彦合译），所以只能根据日译本译述；以后得到苏继顾先生借来的埃利奥特（Hugh Elliot）英译本，就感到不少便利；遇日译本费解的地方，得以参看英译本而获得较明白的理解。这样一来，译文也似乎增加了不少可靠的程度。

第二，《动物哲学》既是名著，译者就愈觉本身责任的重大，因此凡在译者能力所够得到的地方，无不兼顾原文和读者双方，务求不致辜负这部名著，使读者失望。可是，译者也不敢说译文绝对无疵，说不定有英、日二译本非常忠实而中文则颇失原意的地方；但这样的错误，译者求其减少之心更切。译者曾为了这部书求教于夏丏尊、周颂久、周建人三位先生，向同事曾新山先生请教尤多；此外译者还曾通函至南京，求教于业师夏禹勋先生。如果读者在译文中发见尚有错误之处，务祈赐以指摘教正。

　　谨在这里对上述诸先生表示感谢!

　　　　　　　　　　　　　　　　　　　绍良

　　　　　　　1936年2月于商务印书馆编审部

日译者解说

一 绪言

若追迹进化思想的发源，固应远溯希腊时代；但最初的先驱者实为布丰（Buffon）①、歌德（Goethe）、伊拉斯谟斯·达尔文（Erasmus Darwin）②诸人，而第一个创立学说的则为拉马克（Lamarck）。严格的说，有了拉马克的学说，才有以后达尔文的学说。不过拉马克的学说因在当时并不为人所注意，致一时归于湮灭；迨至五十年后，始由达尔文重新建立起来。所以，拉马克的《动物哲学》（*Philosophie Zoologique*）与达尔文的《物种起源》（*Origin of Species*）实为进化思想的两大源泉。所谓"拉马克主义"（Lamarckism）与"达尔文主义"（Darwinism），即以此两大名著的具形而闻名于世；以后又因继承"拉马克主义"的"新拉马克主义"（Neo-Lamarckism）与继承"达尔文主义"的"新达尔文主义"

---

① ［校注］布丰（Georges-Louis Leclerc, Comte de Buffon, 1707—1788），法国博物学家、数学家、生物学家。布丰认为物种可以蜕化成不同的生物，他的思想影响了之后两代的博物学家，被誉为"十八世纪后半叶的博物学之父"。

② ［校注］伊拉斯谟斯·达尔文（Erasmus Darwin，1731—1802），英国医学家、诗人、发明家、植物学家与生理学家，查尔斯·达尔文的祖父。他率先提出所有恒温动物可能是单一微生物的后裔的猜想。

（Neo-Darwinism）相并发达，遂成为今日进化学说的两大主流。

《动物哲学》刊行于1809年，《物种起源》恰巧出版于五十年后的1859年；其时达尔文已五十岁。故推算起来，达尔文是与《动物哲学》同年出世的。在两书前后出版的半个世纪中，进化学的发展颇受顿挫；拉马克在《动物哲学》一书中认为重要问题而加以恳切述说之进化现象的证明和解释，一般人对之都不能理解。在他们的手里不曾有过这部书，也不曾读过这部书。据说在拉马克临终时，500余册的《动物哲学》还依旧放在他的书室中，其学说之不被当时所注意，于此可以想见。他于以后十年，双目失明；度过这十年穷困潦倒的生活之后，即行去世。可是轻视他的学说、对他交谊也不甚好的居维叶（Cuvier）①，却早被世人所认识，在知识界和社会上享了盛名。拉马克思想的承继者圣伊莱尔（Geoffroy St. Hilaire）②于1830年七月革命的大混乱中，虽曾与居维叶在科学院（Academie des Sciences）重开论战，引起有识社会的注意；但其结果，进化学说依旧遭了痛击。马丁斯（Ch. Martins）曾替拉马克感慨地说："他出世得太早了！"

拉马克学说之不被世人所承认或竟被世人曲解，是经过一段很长的时间的。居维叶一向轻视《动物哲学》，在他的著作中，

---

①［校注］居维叶（Georges Cuvier, 1769—1832），法国博物学家、比较解剖学家与动物学家，被誉为"古生物学之父"。居维叶以强烈反对进化论而闻名，他认为进化论证据不足，倾向于支持灾变说。

②［校注］圣伊莱尔（Étienne Geoffroy Saint-Hilaire, 1772—1844），法国博物学家，1798年随拿破仑军队前往埃及，参与科学调查，至1802年1月返回巴黎。1807年获选为巴黎科学院院士。

极少有说到此书的地方。歌德虽为进化学先驱者之一，可是当魏玛（Weimar）市民因得七月革命的消息而喧闹纷扰时，也对科学院论争的始末冒了火，写了两篇文章，说是："火山爆发了，所有的一切都免不了付诸一炬！"可见歌德对于《动物哲学》，也是不识不知；在法国文化浸润德国的时代里，倾心于自然科学、广闻博识如歌德者，也是同样的轻视《动物哲学》。

达尔文虽然不敢蔑视拉马克，但他对于《动物哲学》，却也误认与进化学说之发达毫无关系，施以恶劣的批评。此外，当时的进化学者如格雷（Gray）①、华莱士（Wallace）②之流，都一样的不能理解《动物哲学》，容于后节详述。最初赏识拉马克思想而加以揄扬的，是《物种起源》出版后九年所出的海克尔（Haeckel）③之《自然创造史》（*Natürliche Schöpfungsgeschichte*）一书。以后由于斯宾塞（Spencer）的推许，拉马克的精神乃得以永

---

①［校注］格雷（Asa Gray, 1810—1888），被誉为十九世纪最重要的美国植物学家。

②［校注］华莱士（Alfred Russel Wallace, 1823—1913），英国博物学者、探险家、地理学家、人类学家和生物学家，以从"自然选择"出发独立构想进化论而闻名。

③［校注］海克尔（Ernst Heinrich Philipp August Haeckel, 1834—1919），德国生物学家、博物学家、哲学家、艺术家，同时也是医生、教授。海克尔将达尔文的进化论引入德国并在此基础上继续完善了进化论，但从理论上看，他更加偏向拉马克。《自然创造史》于1868年在柏林出版，影响颇大。早在1907年，鲁迅就在《人之历史》一文中介绍了海克尔（时译黑格尔）的学说，据说毛泽东视海克尔为塑造了自己世界观的四个德国人之一。

生；不过由科普（Cope）①之首倡及美国学者之拥护、崛起于科学界一隅的"新拉马克主义"1870年以后才产生。

至于今日，凡关于进化学有若干知识的人，不知拉马克及《动物哲学》在进化学上占有何等位置的，恐怕是绝无仅有的吧？但是，这部在今日已为无人不知、无人不提及的《动物哲学》，究竟有谁把它好好的读过一审？本书的英译者埃利奥特说："在近代生物学上的贡献者中，如拉马克一名之被人频繁引用者，实不多觏；然而在此等引用者间，究有几人确曾读过拉马克的著作？"这问题似乎提出得有些唐突，但未必是无的放矢。《动物哲学》内容之伟大，实在今日我们所介绍的语言以上；要充分地明了它，的确不是一容易的事！

二　拉马克的一生

拉马克的一生可说是科学的一生，历史上罕有其匹。他之所以如此伟大，一方面固然由于他本身的努力，另一方面与他的时代也极有关系。他具有特殊的性格；其生活地点法国，当时正在一个人类历史上稀见的时代中，正是七年战争以还、以大革命为

---

①［校注］科普（Edward Drinker Cope，1840—1897），美国古生物学家及比较解剖学家，同时也是爬虫类学家与鱼类学家，1889年起任宾州大学古生物学及地质学教授。科普专注于美国的脊椎动物化石研究，他一生发掘了超过1000个新物种，其中包括已灭绝动物，共有56种恐龙是由科普所发现。

中心、不可一世的拿破仑（Napoleon）的全盛时代；可说是一个复杂的多面的世界。因此他的一生也是多变化的、苦斗的，而结局是悲惨的；于其间复有不少插曲（Episode）。

拉马克（详细的说，当为让－巴蒂斯特·皮埃尔·安托万·德·莫内·德·拉马克，Jean-Captiste Pierre Antoine de Monet de Lamarck）于1744年8月生于今名索姆（Somme）州、昔名皮卡第（Picardy）的巴藏坦（Bazantin）地方，为十一个兄弟中最晚出的一个。他的家庭，是数代之间一脉相承的武职世家；兄弟中有好几个都继承了祖上的遗志，投身入法国军队。对于让，其父因欲使他将来做个教师，送入亚眠（Amiens）地方耶稣会徒（Jesuits）的教会学校中。但让自己，对于父亲选定的职业却并不爱好；于1760年乘其父丧之际，退了学，也投身入法国军中。其时七年战争正将告终，法国军队侵入德国；他就购马一匹，驰抵战线，刚在菲辛豪森（Fissinghausen）之战的前夕。他把介绍信呈上某步兵联队的队长，翌朝即被编入击弹兵队。战争的结果，法军败退；与拉马克相共的士官，悉数阵亡。军中即以拉马克代指挥之职。他的勇敢使当时队长极为感动；是夜由队长请得司令官的许可，令拉马克追随于他的身旁，任以士官之职；不久，又升至中尉。战乱告终后，拉马克继续度了五年军营生活。最初的驻屯地是在土伦（Toulon），以后改驻摩纳哥（Monaco），在摩纳哥驻屯期间，偶因马上游戏，由于同伴的不慎，使他颈部患了淋巴腺发炎症；因此就退了职，闲居于巴黎。他的病经过复杂的手术之后，不久总算痊愈了；但是终身却留下瘢痕。

　　这时，22岁的拉马克，就以一个损害了健康的身体和他唯一的资产（年额400法郎的恩给）投入了社会。起初的一年，他住在一处屋顶的房间里，充当着金融业者的伙计，聊资糊口。其后四年间学习医学，曾有一时和他的长兄卜居于巴黎的郊外。有一次，他忽然忆起当时在地中海岸包罗万象的大自然中度军营生活时曾偶然研究过植物的事；觉得这件事很有兴趣。这么一来，在学习医学期中的他，对于研究植物的热望就一天高似一天；终于，拉马克把他的前半生精力倾注于植物学上。他因为研究植物学，就和卢梭（Jean-Jacques Rousseau）交游起来；同时他的天才也在这时候开始颖发。他住在圣女日南斐法山（Montagne Sainte-Geneviève）的屋顶中，过着孤独贫寒的生活；常向窗外对云的形状和风的方向作仔细的观察，借以安慰。当时他关于这一方面的纪录，也颇为后世学者所尊重；据说对于云的名称，至今尚有由他留下来的专门语。他和卢梭又不时相偕作采集植物的远足，又曾有一时醉心于音乐，大概是受了卢梭感化的缘故；后经长兄的反对，才把这个意念打消。

　　植物学惹起他的兴味极大，因此他终于放弃医学，专心于植物学的研究；他以伟大的天资和平生的精力倾注在这上面。经过十年的研究，结果著成了三卷《法国植物志》（*Flore Francoise*）。此书是他最初的大著述，附有多邦东（Daubenton）[①]的序文，于

---

　　①［校注］多邦东（Louis-Jean-Marie Daubenton, 1716—1800），法国博物学家、解剖学家，与布丰合作编纂了《自然史》。

1778年问世。

此书出版之后，拉马克颇得当时学界权威布丰的知遇。其时恰因政治、社会、经济上的各方痼疾都蕴积着革命的炸药之际，他方面路易王朝的气运正在如花怒放；在作为社交舞台的"沙龙"（Salon）生活中，谈论哲学、科学的问题极为盛行；而这种沙龙生活又颇为王朝所注意、所喜悦、所尊信，因此拉马克之得到学界大权威布丰的赏识，当然身价十倍。《法国植物志》著者的名字，不久就传遍全国。1779年，拉马克被选为"科学院"的会员，又受布丰之聘，至其家辅导其子。二年后，布丰又替他从王室求得历访各国植物园及博物馆的任命，偕小布丰出国旅行，遍经欧洲各国。因此，拉马克才得采集德国、匈牙利、荷兰的植物，与各地著名学者会谈。1782年返抵巴黎，时年38岁。这个时期，可说是拉马克一生中最幸运的一页；可是在物质上，他依然没有得到有俸给的地位。直至1789年6月，始获得雅尔丹·迪·鲁瓦（Jardin du Roi）植物标本室主任的位置；每年的收入亦仅一千法郎。可是他的命运，却又杌陧不安起来：受任的前一年，布丰即殁；受任翌年的7月14日，巴士底（Bastille）狱事件和大革命都同时爆发了。

雅尔丹·迪·鲁瓦是现今国家自然历史博物馆（Museum d'Histoire naturelle）的前身，在塞纳河岸的奥斯特利茨（Austerlitz）桥畔。十七世纪初叶，为路易十三所创设，是当时王室经营之下的药用植物园及药学方面的教育处；质言之，是与索邦（Sorbonne）之形而上学相对的自然科学教育处。该处原属王室司药头目管理，迨布丰掌该处后，始在路易十五的庇护之下，发展充实；至十八世纪末叶，遂成为欧洲学界的重心所在。拉马克得到该处植物标本室主任的位置之后，不久革命的巨浪就澎湃迫来。于是"革命"与"博物馆"形成了紧密的连系。

"革命与博物馆"，这当然是一个颇有兴味的主题（thema）；而在巴黎博物馆的历史上，也可说是一页极珍贵而辉煌的记录。当时正在一个空前的混乱、穷乏时期，而该博物馆却并不因此而受任何影响，反能以它内部的力，向前发展，一新原有的面目。拉马克受任的翌年，财政当局向国民议会提出废止拉马克位置及警卫长位置的议案；当局在这时因收入极少，所以对于支出也不得不力求紧缩，凡国家机关中可以裁汰冗员的位置，一经察出，即行撤销。于是拉马克作书二封，提出于国民议会，申述自己的阅历和才能，说明本身事业的重要；且更提出积极改善雅尔丹·迪·鲁瓦组织的意见，谓非此不足以图科学、技艺及商业的发展。这二封信，自是出于当局者的意想之外；因此他的位置，也就转危为安，得以存续。此后雅尔丹·迪·鲁瓦经营的内外事件甚多，而改造内部、使之扩张的气势，尤为旺盛。在革命的巨浪中，业务着着进展；至1793年，终于在国民公会（Convention Nationale）中提出改造案，正式建立为博物馆。是年1月，正是路易王赴断头台饮刃的时候，即所谓恐怖时代的第一年。总之，拉马克的位置在当时纵不甚高，但在历史的记录上，到底不失为一个活跃的热心斗士。

扩大的博物馆，内设十一个专门的部份；其中有两个部份是属于动物学的：其一为哺乳类、鸟类、爬虫类及鱼类，其他为下等动物。任前者职位的即为圣伊莱尔，亦为进化学史上功臣之一。这位学者无论在学问上私交上，与拉马克均极相得，当时的年龄仅22岁。第二个位置，却找不到适当的人。一方面拉马克虽为具二十五年阅历的植物学者，但植物学的位置，其时已入德方丹（Desfontaines）①之手；因此，主持者以为拉马克既然熟悉贝类动物，就把找不到适当人材的、动物学一半的位置委了他。拉马克在这时已50岁，开始走进一片荒芜的动物学的境界，开拓起来。

当时搜集于博物馆中之无脊椎动物类的标本，据说有的是很硕大的。埋头于此的拉马克，因此对于自己新入的境界，不禁感叹起它可惊的广大来。于是他就以天赋绝伦的能力和头脑，向其伟大的事业迈进。于1801年著成《无脊椎动物分类志》（*Système des Animaux sans vertèbres*）；于1815年以后七年间，完成《无脊椎动物志》（*Histoire Naturelle des Animaux Sans Vertebres*）七卷；在动物学上造成一个金字塔，遗于后世。这时，他对植物学虽没有什么贡献，但在气象学上，却也热心倾倒，草成《气象年报》（*Annuaires Meteorologiques*）十一卷。此外，倾注其平生心血与脊椎动物同时加以研究的，是对于生命现象和生物本质二者。1776年曾著书一卷，以后复有大小论著数篇，公诸于世。及至1809年刊行《动物哲学》，就获得了与达尔文同样重要的地位。

---

① ［校注］德方丹（René Louiche Desfontaines, 1750—1833），法国植物学家，著有《大西洋植物志》（*Flora Atlantica*, 1798—1799, 2 vols）。

　　《动物哲学》刊行的时候，是在拿破仑一世加冠五年以后。虽然在多难之秋，到底是拿破仑的全盛时代；可是命运之对待拉马克，却非常刻薄。在十年之后，拉马克的视觉遭了病害，不久，双目即失明。至85岁，终于弃了第三娶的妻子和二个女儿（原有七个儿女），在贫困之中，结束了悲愤失意的一生；其时为1829年12月。在他不幸的晚年中，幸有罗莎莉（Rosalie）及科尔纳莉（Cornleie）二女服侍，使他得到不少安慰；友人中照顾他的不多，仅有圣伊莱尔等数人；据云拉马克就如此度过十年贫寒的岁月。《无脊椎动物志》的一部份，即在当时由拉马克口述，由其女罗莎莉写成的。这个伟大的、不幸的老学者，葬仪虽并不怎样坏，可是墓地的资金在当时却发生了困难；不得已，他的家人把他的遗骸埋在蒙帕纳斯（Montparnasse）墓地的公坑中。不久以后，就无人知道他确葬何处。等到社会忆及了他，欲将他施以重葬，早已荒榛蔓草、零乱纵横，令人无从辨认。经过一再的探索，才大体上考证得了位置，把他与同坑诸遗骨迁入地下墓穴（Catacomb）；然而这许多迷离扑朔的骸骨，究竟谁是拉马克，依然无从分别；我们至今仅能看到该处有一个巨大的骨冢而已。

　　1909年，英国在举行达尔文《物种起源》刊行五十年纪念的时候，法国也同时举行拉马克《动物哲学》刊行百年纪念。是年，法国又于雅尔丹·迪·鲁瓦的正门内建立拉马克的铜像。这个铜像装有台座；在大铜牌的上面，浅浅的雕刻着瞎了双目的拉马克和罗莎莉的面貌，并镌着罗莎莉的几句话。这几句话是罗莎莉安慰他生前盲目的老父所常说的：

你未完成的事业，后人总会替你继续的；你已成的功绩，后世也总该有赞赏的人吧！爸爸！

拉马克一生主要的著述如下：

1776：*Recherches sur les causes des principaux faits phisiques,* etc. 2 vol.（1794年刊行）

1778：*Flore Françoise* etc. 3 vol.

1783—1817：*Dictionnaire de botanique.*

1791：*Illustrationes botanicae.*

1799—1810：*Annuaires météorolgriques.* 11 vol.

1801：*Système des Animaux sans vertèbres* etc.

1802：*Hydrogéologie* etc.

1802：*Recherches sur l'organisation des corps vivants,* etc.

1803：*Histoire naturelle des végétaux.* 2 vol.

1809：*Philosophie zoologique.* 2 vol.

1815—1822：*Histoire naturelle des Animaux sans vertèbres.* 7 vol.（后作为十一卷再刊）

1820：*Système analytique des connaissances positives de l'homme* etc.

三　动物哲学

《动物哲学》由三卷合成。第一卷题为"动物的自然志、诸动物的特性、类缘、体制、配类及关于'种'的诸考案"。拉马克自己说：

先来考察人为的诸手段（Parties de làrt）（这是我自拟的名称）、类缘（rapports）考案的重要性及生物上'种'（espèces）的观念。其次就动物的一般性（généralité）加以解说后，一方面以生理组织最完全动物为高等的动物阶段，将支配自高等至下等的体制上递降现象（dégradation）加以述说；他方面提示环境（circonstances）及习性（habitudes）对于助成动物诸器官之发达或使之停止等原因的影响；最后考察动物的自然次序（ordre naturel）及叙述动物最适切的配类（distribution）和分类（classification）。

这些话明白些说，就是在这一部里论述到分类的根本问题，结果以自己的见地来分类，再检阅动物在自然界的次序，自高等以迄下等，来论述他们的进化现象，并解说进化的过程；其详细的内容，容于下节再述。第二卷为生命论及生理学，第三卷则为心理现象之生物学的研究。各卷的题目如下所示，其内容在拉马克自己的诸论末段均有叙述，兹不赘。

第二卷——生命之自然科学的成因；存续生命的诸条件；生命运动的刺戟力；生命予其所有本体的能力；生命存在于体内的结果（关于以上各点的考察）

第三卷——感觉之自然科学的成因、发生行为的力及多数动

物发生智能作用之自然科学原因的考察

　　以上均为拉马克私人意见的叙述，可以视作他的论文，并非编著性质的书。本译书仅为其第一卷，第二、第三两卷已经删去，因为这两卷与进化学殊少关系；而所谓《动物哲学》一书的价值和生命，原也全在第一卷中。第一卷约占全卷成份的五分之二。

　　《动物哲学》如上文所述，是于1809年刊行的。当时印成两册（上册453页，下册476页）。拉马克殁后第二年（1830年）曾再版刊行，但当时实无再版的必要；因为拉马克殁后，该书尚有580余本没有卖去，以后还是秤斤论两勉强脱售的呢。其后经四十三年之久，至1873年（即达尔文《物种起源》刊行十四年后，海克尔《自然创造史》刊行五年后），由马丁斯添以长序（84页）再版，仍为两册（上册426页，下册407页）。此后即不复重版。1809年的初版本和1830年的版本，至今已成为珍本，不易购求；有马丁斯长序的本子，也已甚稀，虽有时能在书肆中见到，然非出重价不能购得；现在容易到手的本子，第一卷中的一部份已被节略，有两种刊本：其一为施莱谢社（Schleicher Freres）的覆刊本，内容有第一卷全文，唯略去"第七、第八两章的追补"。追补部份是颇重要的，该覆刊本竟将其省略，实属不当；卷首译载海克尔《自然创造史》中关于拉马克部份。另一种为弗拉马里翁社（Flammarion）《古典丛书》（Les mailleurs auteurs classiques）之一册，当泰克（FélixLe Dantec）编纂之《拉马克文选》（Oeuvres choisies de J. B. Lamarck）的大部份。其间第一卷中的第八章分类部份已被略去，"追补"亦付阙如。但除《动物哲学》外，还有《无脊椎动物志》的一部份（页数不多）和革命后第八年拉马克演讲的一节；卷首有当泰克序文（24页）。本译本依据马丁斯本译出，并加以上述的"追补"。

至于英国的译本，为埃利奥特之 *Zoological Philosophy*。该译本刊行于1914年，卷首载解说92页，三卷全被译出。此外复有德国朗（A. Lang）的译本，该译本之出版，似在刊行于1876年名 *Zoologische Philosophie. Nebst einer biograph. Einleitung von Ch. Martins.* 即马丁斯本的全译本不久以后。至于第一卷的德译本，则为施密特（Heinrich Schmidt）所译的，其中第八章的一部亦被省略，唯"追补"不缺；卷首解说颇详明，卷末附有海克尔说的要旨，不免令人起蛇足之感。

四 《动物哲学》第一卷的构成及拉马克的进化学说

《动物哲学》第一卷的内容及其叙述的方式，在前节所引的著者自述和后面列记的详细目次中，已有明白的说明。大体上，本书是论述动物分类和根本问题的，但其中还包含下述的各点：即自然界的生物，都可照纲、科目、属来分类，似乎其间有明确的分界存在着。但实际上，各界的生物自高等以迄下等，中间的顺序决无天然的间隙，也决无明确的分界。所谓"分类"，不过是人为的手段（Parties de l'art）；生物界之所以有分类的可能，实在是人类知识有缺陷的结果。假使人类对于自然界一旦获得了充分的知识，则动物的分类就不必像地图上的世界各国那样的来安排，只要画成一株多枝的树，就可以表明它们一系的次序。这时候，为要决定它们的次序，可以考察各种生物的类缘（rapport），复从类缘出发，论究各种类缘的价值；其次就生物之'种'的思想来加以批判，论断其非为不变的而为变迁的；这样，就在原因上显出了它们自身的判断。于此，著者又转变研究的方向，讨论自然界的分类，细究动植物的定义，述及动物的配类及分类的现状，以前记考察类缘的结果为出发点，逐一说明对于各类本身的见解；以后再逐渐深入正题，就前述的分题，试究动物自高等以迄下等的顺序；详述它们在体制上的递降（dégradation）与单纯化（simplification）的现象，同时说明递降与单纯化并非作正规的进行，某器官未必有显明的快速进步，有时且一旦消失，复行再现；盖此等现象乃两种主要原因活动的结果，其一即正规的递降与单纯化，其一即为不规则的；而前者为生物进化的本来倾向。至于不规则现象的由来，著者在下一章有详细的论述，大意谓环境能影响动物的习性，习性的变化又能使形态改变，提出这两个自然法则。章末有一个关于生物界由来的结论，谓系从简单的逐渐进化到复杂的。最后一章，再论动物的分类，论及分类的顺序依照当时的习惯从高等动物开始逐渐而至下等动物是不对的，主张应如现今的见解，与当时的习惯相反。此外对于人类的姿势，解释从猿类改变而成；对于言语的由来，亦曾试加解说。在"追补"一章中，企图作一表示动物一般系统的表，实为今日动物系统树的最初草案。总结一句，《动物哲学》的第一卷，可以看作包含：进化的证明、进化主因的解说、系统树的创案人、人类由来的暗示等项的一部名著。下面的一节，可视作拉马克的结论：

> 各种动物是自然逐渐生成的；自然从最不完全即最单纯的动物开始造起，一直到最完全的动物为止；因此各种动物有阶段性的体制，颇为复杂。而这许多动物，因此凡地球上可以生存的地域都拓展得很是普遍，以致某种动物因遭遇各地环境的影响之不同，我们观察、研究所得的习性、种及其他各部份，也不免都有变异。

提出这样结论的拉马克，我们对于其不亟亟于作断案而作理论的说明的态度，确能引起我们极深的兴味（参见本书第217页至第219页）。①

拉马克进化学说的要点，可以有名的两个法则来表示：

第一法则——一切的动物，在不超越发达的界限以内，任何器官若经过较频繁较持续的使用，会使器官本身逐渐强壮、发达而增大，且使该器官增强与使用时期成正比的能力。反之，若某一器官永续不用，则于不知不觉之间，会逐渐弱小起来，致原有的能力作累进的减杀，而卒归消失。

第二法则——动物的种类，由于长时间受生活地域之环境约

_____

① ［校注］本书中所提到的页码，均为原书页码，以下不再一一注明。

束的影响，致某部份器官特别常用，某部份器官久旷不用；其影响所及，自然就使个体获得某部份器官或丧失某部份器官。此种变化，自然对于雌雄动物是同一的，对于新生的个体亦然；于是每代的新生个体，都存续其上代的性质。

以上所述的第一法则，即我们今日所谓"用进废退说"；第二法则，即获得性遗传之说。若在第一法则之前，加上环境对于习性及形态的影响之说，则此三说就可视为拉马克进化学说的整个体系。

拉马克在书中所举的例证，以我们今日的眼光看来，有不少是错误的。在解释体制递降的时候，因当时知识的不充分，有许多不恰当的地方极易指摘。在用进废退的结果及归诸于习性影响的各器官举例之中，也很容易看出不少解释过火的地方。可是这些缺点，是发生于距今约一百二十年以前的时候，我们实不应加以深责。又拉马克之相信自然生成（générations spontanées）①也应该予以同样的原谅。因为巴斯德（Pasteur）②指出这一点的错误，已是此书刊行五十余年以后的事。这些枝节上的小疵，虽然不可谓少，但到底无损于根本的论据。拉马克所提出的前述三要点，在他殁后五十年间，始终是进化学说连绵发展的一系。

---

①［校注］自然生成或异种生成是一套关于物种起源的思想，认为现今的生物体是在无机物中自然产生的。

②［校注］巴斯德（Louis Pasteur, 1822—1895），法国微生物学家、化学家，微生物学的奠基人之一。他以借生源说（Biogenesis）否定自然生成说、倡导菌原论、发明预防接种的方法以及巴氏杀菌法而闻名，也是第一个发明狂犬病疫苗和炭疽病疫苗的科学家。

　　而且，动物哲学对于以后达尔文进化思想的发展，也有极大的关系；赖尔（Lyell）①对于地形构造是渐变的这个思想，也可从本书中得到印证：原来拉马克早就不承认突变说，以为气候及地形是徐徐变迁的。又拉马克以为独立的"种"之形成原因是在隔离（isolation）。关于人类的由来，五十年后的达尔文不过说："在将来，我要作更遥远更重要的探险，去观察旷野的存在。……人类的起居及其历史，届时当得到许多光明的启发。"可是在五十年前的拉马克，早就直截痛快的把人类和猿类的关系述说过了。

　　使我们不禁起奇怪之感的，是当《物种起源》出版时之达尔文、华莱士等对于拉马克的批评。与达尔文进化思想之发展有重要关系的赖尔《地质学原理》（Principles of Geology）一书，是于1830年刊行的；在这部书中，赖尔对于拉马克所主张的意见极表赞同，且承认他所主张的动植物进化法则。这在上面我们已有提及。可是达尔文在他1848年给胡克（Hooker）②的信中，却说："天（Heaven）之进展倾向，若谓恰与动物纤缓之欲求（Willing）相适应，实不啻一呓语耳；余殊不能同意拉马克之所云。"华莱士在1858年发表的论文里，也说："所谓由于动物使此等器官发

––––––––––

　　①［校注］赖尔（Sir Charles Lyell, 1797—1875），英国地质学家、律师，是均变说（Uniformitarianism）的重要论述者，认为山川河流的形成都是长时间积累的后果。相反的代表性论说为居维叶的灾变论（Catastrophism），即认为地球在很大程度上是由突发性的剧烈事件塑造的。

　　②［校注］胡克（Sir Joseph Dalton Hooker, 1817—1911），英国植物学家。

达增大之企图（attempt）乃有种之进展变化，不过为拉马克之假说。"这几句话，岂是真正理解《动物哲学》内容的人所发的？要回答这个问题，读者将本书通读之后，自非难事。盖拉马克不过将"自然"加以拟人的说明，初不料后人竟会以假作真。

兹将拉马克及关于拉马克学说的文献开列于下：

Landrieu, M.... Lamarck, *le fondateur du transformisme.* Sa vie son œuvre. 1909.

为法国动物学会于《动物哲学》刊行百年纪念节出版的书，内有极详细的传记及业绩之研究介绍。页数478。

Revaultd'Allones, G.···*Lamarck. Choix de textes et introduction.*

介绍拉马克的传记及业绩67页；将著作作分类刊入219页。

Quatrefages, A. de... *Charles Darwin et ses précurseurs français.* 1870. pp. 42–59.

Haeckel, E.... *Die Naturanschauung von Darwin, Goethe und Lamarck.* 1882 (Vorträge und Abhandlugnen I).

Haeckel, E.... *Natürliche Schöpfungsgeschichte.* 12. Aufl. 1920. V. Vortrag. pp. 68–84.

Pierre, E.... *La philosohie zoologiquo avant Darwin.* 1884 Chap. VIII., pp. 73–91.

Lang, A.... *Zur Charakteristik der Forschungswege von Lamarck und Dawrin.* 1889.

Hutton, F. W.... *Darwinism and Lamarckism, old and new.* 1899.

Brooks, W. K.... *The foundations of zoology.* 1899. Lecture iv, pp.

83–98. Lecture v. pp. 101–119.

Lotsy, J. P.... *Vorlesungen über Deszendenztheorien*. 1906. I. Theil, xix Vorl. pp. 314–331.

Wagner, A.... *Geschichte des Lamarkismus*. 1908.

Haeckel, E..... *Das Weltbild von Darwin und Lamarck*. 1909.

Deöage, Y. et Goldsmith. M.... *les théories de l'évolution*. 1909. pp. 238–252.

Butler, S. N.... *Evolution, old and new*. 1911. Chap. xv–xvii, pp. 235–314.

Osborn, H. F.···*From the Greeks to Darwin*. 1913. pp. 150–181.

Lanessan, J. L.···*de Transformisme et créationisme*. 1914. Chap. iv. pp. 233–302.

小泉丹 撰

原　序

著者在实际教授的时候，曾有一时感到：最近三十年来我们在动物学上的知识，的确有着极大的进步；而动物哲学（Philosophie zoologique）即关联动物研究的诸定理诸原则，就是其中之一。这一门学问，因为与其他部门的自然科学颇有关系，在今日是极有用处的。

因此，著者在使用讲义之际，欲为学生谋理解之一助，就试写了一些动物哲学的大纲。在当时，著者做这件事除为了学生的便利之外，没有任何企图。

但这件事一经上手，为了要决定诸原则及以便指导学生去研究的诸定理，就不得不考察各种已知动物的体制；注意动物学上各科、各目、各纲动物在体制上所显现的差异，于各种类（race）中比较此等动物因构造程度之不同而从体制上所得能力的大小；认识主要动物在体制上最完全的现象；因此就不得不把与这科学问有最重大关系的诸考察继续加以研究，同时对于动物学上那些最困难的问题，也不能轻轻放过了。

本来，若把动物顺列自最完全的而迄于最不完全的逐渐降低，同时在动物体制的构成上也就显现特异的递降状态，这原是显著而确切的事实。对于这个事实，著者当以许多证据来证明它。然而从何证起呢？还是认为无证明必要的呢？而且若从最不完全的动物开始，追踪其顺序而上升，则同时动物体制的构造在其极度显著的方式下，就形成渐次复合的一系列。假使根据这样的考察出发，以为自然是把有生命的各种动物递次从最单纯的造成到最复杂的，这样的想法，难道一定是不对的么？

而且这样的想法，由于下述的事实，更得了最高程度的证明：即在一切体制中最单纯的动物，是不具任何特殊器官的，从而有此种体制的动物，没有任何特殊的能力，仅具一切生物应有的几种基本能力而已。以后自然将各种特殊器官逐次创造成功，逐渐形成复合的动物体制；于是动物体制的构成程度越高，就越有特殊能力；此等能力在最完全的动物上，数目最多，而且最为显著。

这些考察，著者不能置之不理。因此，著者就不得不再研究生命到底是怎样构成的，以及发生于动物个体内的自然现象之所以得以延长存续的时间，到底受什么必要条件支配着等问题。在一切体制之中，即以最单纯的动物而论，也应示以存在生命的必要条件中之必须原动力；不但如此，而且所示的原动力还不要使人看了有丝毫的迷惑。于是单纯的体制就被著者深信为解决这些表面上困难问题的唯一快捷方式，认定这件事的研究是刻不容缓的。

在复合程度最少的体制上，因为在最单纯的限度里面，故存在生命的必须诸条件表现得最为明显。这里的问题是：如何探知这种体制由于那样的变化原因，才能生成稍稍复杂的另一种体制，而且又得以生成动物阶级全局的各阶级复杂体制。这时，著者以为要解决这个问题，必须依仗观察所得之下面二点的考察：

第一，一器官之反复使用，足以助成该器官之发达，且足以使该器官强大；反之，一器官废止使用如成了习惯，则足以妨碍其发达，且能使其萎缩而渐次变小；而废止使用相继传至后代，由于个体之长期继续，该器官卒归消失。这个情形，可由多数已知的事实来证明。由此可以知道：动物的某种个体，如欲变更它的习性，可移置于某一环境之下，使之强制变化。动物到了这个环境中，其使用次数减退的器官，自然慢慢萎缩起来，同时使用次数增加的器官，也自然逐渐发达起来。此等个体，其器官就与习性的使用次数多寡相应，各获得不同的力量和大小。

第二，著者极相信如下所述的情形：即含有液体的非常柔软的局部（指个体之一部份），若就其液体的运动力来考察，则生物体内液体运动增大，其液体当能使担任运动的细胞组织起变化。变化的结果，就在局部内开辟了通路，形成种种脉管；终于，在有此等液体的体制状态中，造成了各种器官。

根据这两种考察，动物体内的液体运动即与体制的复杂相关的累进加速运动，及从动物栖息场所所得的新的环境影响，是造成今日我们所见到的一切动物状态的两个根本原因，似是可信的事。

在本书中，著者所叙述的并不仅止于最单纯体制中生命存在之本质的条件以及造成从最不完全动物以迄最完全动物之体制构成累进性的原因。此外，对于多数动物有感觉（sentiment）之自然科学的原因，也以为有探知的可能，因此著者也毫不踌躇的把这个问题放在肩上了。

事实上著者相信除了生物，任何物质都未必有感觉的特性。而且感觉自身，著者以为不外是能够发生这种特性的有秩序的一系多数机能之合成结果的现象。对于发生这种可惊现象的有机机构，著者欲探知它究竟是什么东西，而且著者自信有这个把握。

集合了关于这个问题的最确实的观察，著者猜想发生感觉的神经系统一定是非常复杂的；恰与能发生智能（intelligence）现象的神经系统一定是更复杂的相像。

由于此等观察，著者得以推断神经系统若在最不完全的状态中，其功能仅在适应肌肉运动的刺戟，例如不完全动物体内初在萌生的神经系统。这一种神经系统不能生感觉，而其组织亦仅止于神经节及从神经节发出的神经丝。有节纵走神经索（moelle longitudinale）乃至脊髓——即含有感觉中枢于诸神经中具特殊器官的脑髓前端——在这种组织中是没有的；如果是有如此状态神经系统的动物，就有感觉的能力。

其次，著者还想决定感觉所由起的机构。结果给著者证实了，缺乏特殊器官的个体，其感觉仅止于认知（perception）；而在这种感觉未被发现的时候，除了认知以外，再不能发生其他感觉的。

就事实而论，在这种机构中感觉之发生，是由于从受到作用的一点出发的神经液之放射呢，抑由于同一液体中单一运动的传播？这个问题，著者现在还不能作确切的回答；但因为某种感觉的继续时间是与发生感觉之印象的继续时间相对的，所以颇以为后者的见解或许比较确实。

如果感觉与刺戟反应性（irritabilité）是两个绝对不同的有机现象，则此二者当不复如世人所想象的那样有共通的根原；而且感觉现象之能构成若干动物的特殊能力，必须具有运用此能力的一系特殊器官；然而刺戟反应现象却与此相反，它不需要何等的特殊器官，不过是一切动物体制的固有性而已。这一点如果没有证明，在著者的观察，以为对于上述的问题也许不能作满足的说明。

因此，在没有对这两个现象的根原及结果彻底明了之前，若遽欲将动物体制现象大部份的原因加以说明，是极易陷于误谬的；其中尤以感觉与运动的根原及此等能力在动物体内根原的位置，如果欲求得其确切的所在，得到认识的可能，需要实验的地方特多。

例如切去极幼小动物的头部，或切断其后头与第一脊椎之间的骨髓，或于该处插入消息子①，以后于肺脏内充以空气，则因此而起的各种运动，可视作由人工呼吸之助而使感觉再生的证据。但此实验结果的某部份，因刺戟反应性在个体死后尚能存在于若干时间中，早为我们所知，故可断定其感觉再生的原因不过由于此刺戟反应性之暂时存在。至于其他部份，因消息子插入后，脊

---

① ［校注］"消息子"是法语stylet的日译，即探针。

髓管的全面积未被破坏，由于空气之注入，才发生这些肌肉运动的。

如果著者否认了：发生局部运动的有机行为和发生感觉的有机行为虽都必需神经的作用，但两者却绝对不同；如果著者又不注意：虽没有何等感觉，但若干肌肉运动仍能发生；又虽受某种感觉，却并不因此而发生肌肉运动。那末，著者恐怕会陷于：把切去了头、除去了脑髓的幼小动物之刺戟反应运动当作感觉的表示那样的误谬，也未可知。

假使在个体因其性质或其他事故表明感觉的状态不存在的时候，或对其所受的痛苦并不以何等叫声表示出来的时候，则欲得到该个体受到感觉的确实之表示，除探知予该个体以感觉能力的一系器官全体完好保存于体内的情形之外，别无他法。著者仅凭被刺戟而发生的肌肉运动，是不能证明感觉行为的。

对此等有兴味的研究对象，著者决定了观念，且曾考察其内在感觉（sentiment intérieur）即唯具有感知能力的动物才有的存在感觉。著者相信那些有关系的既知事实和著者自身的观察，一经用在这内在感觉之考察上，就会变成一种根本的力量。

事实上，若将具有能发生内在感觉之神经系统的一切动物和人类加以观察，这种感觉（即因生理的及精神的欲求所诱起的现象）实为引出运动和行为的根源。在内在感觉以上，似乎再没有比它更重要的东西。以著者之所知，对这一点加以注意的，可说一个人也没有。于是，因为关于这动物体制主要现象最有力原因之一的知识之缺乏，欲说明此等现象的真相，所想出来的一切解说就都有不充分之感。虽然，我们当自身内部的心灵活动之际，对于我们内部的力之存在，未始不可作为一种直观，而实际上我们之所谓感情（emotion）这个东西，对于这方面也表示着极显著的指示，在平时谈吐之间，恒被提及，但到底无补于事。

内在感觉可由各种原因诱发；一经诱发，即成为发生行为的力。当作者以前想到这一点时，就没法证明这种力的根据或现实性，不久，著者在多数已知事实上得到了可惊的启示；关于诱起行为的原因，在一段极长的时间以前，我曾被它苦恼过来的，这时候却完全冰释了。

具有内在感觉的动物，其引起运动的能力应归于它的感觉上。这个思想，是把握着一个真理，在当时著者认为是莫大的幸福。可是，虽然这样说，在著者的研究上，那个使著者苦恼的难题，它也只能解除了一部份。为什么呢？因为已知的一切动物，未必都具有神经系统，会发生内在感觉的；然则没有这种内在感觉的动物，它们所起的运动行为，当然还有其他的基因①。

就植物而论，如果没有内部的刺戟，生命就不存在，活动状态也就不能维持。想到了这一点，著者以为多数动物也可归入这一类。而自然为欲达到同一的目的，在必要的时候，变更它造物的手段，并不是不可能的事；于是，它就造成了许多不具内在感觉的动物。对于这一点，著者以为已经不容置疑。

———————

　　①［校注］原文为origine，即"起因"，并非今天生物学意义上的"基因（gène）"。

于是著者想：缺乏神经系统、组织非常不完全的动物，只能因外界刺戟的帮助才能生活。换句话说，包含于周围环境中的常起运动的微妙液体，会不绝的渗入此等生物体中；因此生物体才从渗入的液体中获得了唯一的力，得借此维持其生命，度其生活。这样的念头，在著者的脑中不知转过多少次；根据多数的事实，似可肯定其为不谬；且就著者所知的无论那件事实而论，都没有和这个念头相背的地方；不宁唯是，从考察植物生活所得的明确结果来印证，也觉得无可置疑。所以这个想法，在著者看来实在是维持生物体运动和生命的主要原因，应认为使动物起运动的一切原因的根本原因。在艰难的研究途中，著者对此不啻视作特异的闪光。

如前所述，这个考察可分作两方面，即关于动物内部液体运动的结果和关于此等生物在环境及习性中所起变化的结果。把这二方面并在一起考察起来，就可以对动物体制的发达及其多样性所示的现象的诸原因，把握其要领；同时又可立刻明白自然手段的重要性，所谓自然的手段，即是指动物在生存过程中因环境影响所获得的一切结果，均存续于新生个体所产生的体制上的事。

著者以为动物的运动决不是传播的，而是诱起的。自然最初是迫使动物的生活运动及行为的刺戟力必须借助于四周环境；不久，动物体制逐渐复杂起来，就把这种力移入于生物体内；到了最后，自然才把这种力的使用法也一并付诸个体，个体乃得以随意运用。

在本书中，著者所证明、叙述的主要题目，就是以上诸点。

　　因此，这部《动物哲学》所叙述的，是著者关于动物的一般及其特殊性、它的体制、它的发达和多样性的原因及动物由其本身所得能力之研究的结果。而在编著本书之际，把著者本来想著生物学（Biologie）一书而搜集的主要材料，也移来用了。至于那本生物学，已不打算出版。

　　著者在此书中所引用的事实，其数非常之多，而且都是确实的，因此著者相信从这些事实中所引出的结论，大都是对的、必然的；若想以另外的什么来代替著者的结论，恐怕是非常困难。

　　但是那些已被世人所承认的主张，一旦遇着了与本身不能兼容的新思想，自然会发出阻止的力量。从这一点着想，著者预料这本书中所述的许多新思想，在与读者最初见面之际，一定会遭到不利的武断。而这些与初次问世的思想相对之旧观念的威力，因其助长武断的声势，以致研究自然所得之新真理的显露头角之困难，较其只要能被世人认识的困难程度就更高了。

　　这种困难，其发生当然有各种原因；但我们若将其穷究到底，就可以明白这件事在一般的知识上，益处倒比害处多。为什么呢？因为若果是徒以珍奇炫人而没有根据的新观念要想为世人承认作真理，当然也要经过这些困难，这时候因被严厉的舆论所检察，是真是假，立即会显露其真相；于是虽然曾在世上作炫目的一现，总不免被世人唾弃而卒归消灭。虽然，有时候那些正确的见解、起初的思想，或不免也因同样的遭遇而被排斥或被遗弃；但一度与世人相见过的真理，纵在暂时之间不为人所注意，但过了这一段时间，世人就有了理解的能力，这时候其为世人之所珍视，比诸轻易而得世人欢迎者，当然不可同日而语了。

　　对于这个问题及使我们的判断起变化的许多原因，如果考察愈深，则除了以人力不能解决疑难的生理的事实及精神的事实^①以外，其余的一切，都会对著者的私见和推论愈益相信。至于推论一项，因为常可用其他的推论与其对抗，是大家所周知的事实；因此在各人种种的私见中，它的真实性、确切性或它的价值，可以有很多的差异，同时并存；如果有人对我们的意见加以拒绝采纳，我们也不能非难他，不然，倒反是我们的过失了。

　　最为一般人所认可的意见，也许是应该认为有根据的某种确切不易的真理吧？但是，具有最发达智能的、最丰富的知识的人，无论在那个时代里，都是极少的少数；这是事实如此，不能反驳的。所以在知识的问题上，多数人的见解不见得就对，这时候反应该以少数权威者的评价作为归依。可是在实际上，这样的评价却又不易产生。

　　不但是不易产生而已，而且即使世人已经得到了某种判断，这判断是从多数必要的严格的条件中产生的，且复得世人所认为权威者的同意；但是否确能与事实吻合，还未必。

　　因此，人类所有的所谓确实的真理，即确可为人类依据的真理，不过是那些人能观察的事实以及此等事实所示于人的自然存

---

　　①〔原注〕著者所谓精神的事实，是指数学的真理即质或力的计算结果及其测定的结果。此等事实，就我们所知者而说，乃是智能的，而非感觉的。因此，此等精神的事实，同时是与我们所观察得到的物体及关于和此等物体有关连的其他多数物体之存在的事实相同，均为实证的真理。

在物及其各部份的运动和支配其变化的法则而已；至若从可以观
察的事实引出来的人为结论，就不是确实的真理。凡在这个圈外
的一切，都不确实，确实的仅止于某种归结、理论、见解之较其
他的远为正确的而已。

　　不论是推论、是归结、是理论，在当事者实行这些智的行为
之际，因为虽明知须用真实的要素，唯此等要素始可用于工作；
但这些所谓不应放过的要素，殊不易确实推知。因此就不能对这
些要素遽加信赖。而且我们之认为确实的要素，除了我们所能感
觉得到的物体的存在、在此等物体中特有的实质的存在，以及我
们所能认知的生理的和精神的事实以外，更没有别的存在了。因
此本书所叙述的思想、推论和说明，不过是著者个人的真理，是
著者认为实际上确切不易的真理，这是要向读者声明的。读者对
此，也应以某项意见视之。

　　总而言之，著者在本书中所述的考察，在当时确曾化过一番
心血，著者对这些自认为真理的叙述，感到非常的愉快；觉得所
化的心血，已经从这上面得到了报酬。而在这些观察及从观察中
所引出的结果发表之际，著者还希望爱好自然研究的识者诸君，
继续往后研究、检证，引出可信为更确当的归结来。

　　这条路，著者以为是到达真理或认识与真理最切近之物的唯
一快捷方式，较诸凭空说一句"也许不是这样，是那样也未可
知"的话，是切实得多，有益得多。所以著者以为读者不欲求得
真理则已，苟欲求得真理，非循这条路进行不可。

　　在读者看来，也许以为著者在本书中的叙述以第二、第三卷

为最用力，而且也许以为著者的兴味，也在这两部份为最浓厚。可是在第一卷中，著者所叙述的关于博物学的诸原则，在今日实与世人的见解最为接近，所以在科学上，也应该是这一部份最切实用。

著者在本书的各节中，想把一切有兴味的材料尽量的加以叙述，务使本书的内容充实。但虽然如此，为了要充分把握著者的观察，叙述又不得不力求谨严，这样的态度，对于读者可以节约阅读的时间，而在著者呢，对于那些著者所不能理解的材料，也就不得不抱宁缺毋滥之旨，一概把它放弃了。

假如自然科学的爱好者，能在本书中得到若干与他们有关的有益见解或原则，或一向对于某一问题得不到解决的人，能在本书中得到著者所叙述的特有的意见，加以肯定或承认，或从这些意见中得到新生的观念……总之，不问是那一项，只要能使我们的知识进步，能得到往我们所未知的真理道上某种指示，那末著者写此书的目的就达到了。

绪 论

　　观察自然，研究自然的生成物（production），探求自然赋予生成物性质之一般的和特殊的诸类缘，设法把握其到处存在的自然所安排的次序、安排的过程、安排的法则以及造成这些次序所用的无限奇异的手段，像这些事情，在著者想来，都是我们的能力所及的唯一之确实知识；而且从这些事情上面，我们可真实获得唯一的有用的东西；同时，这些事情又能对我们不能避免的生活之苦，获得最适宜、最愉快的欢忭。

　　事实上，自然研究之能给我们最高兴味的，莫过于下述的事：即研究动物，考察与人类的体制相对的动物体制的类缘和考察使动物的诸器官、能力、性质起变化的习性、生活方式、气候、栖息环境等的力量，对观察动物、在自然的方法中决定各动物位置之各种大小类缘的每一标准样式之检考，动物体制构成之考察以及一般动物分类之制作（即对于自然所造成的每一"种"，探究其应在之次序而加以适当的配类）。

　　当然，从上面这些考察和动物研究所必然导引出来的其他若干考察，对于爱好自然、在自然的一切之中欲探得真理的人，也会有非常大的兴味。这是不容否定的事。

奇妙的是：所谓需要考察的最重大的诸现象，在我们思索中占重要的位置的，大体上不过是那些最不完全动物的研究和对于此等动物的体制的各种构成之探索，作为这项研究的主要根基而已。

又，同样奇妙的是：为欲发见自然的法则或手段，决定它的过程，其最重大的知识，几乎常是对自然所显示给我们的最细微的东西之检考，和那些上节所述看似最不足道的动物之考察，加以检考而已。这个真理，过去固然已有许多显著的事实足可证明，但有了本书所述的考察，就得了更确实的证明；在自然研究之际，对于任何不足道的东西都不应蔑视，于此就使我们较前更为相信。

动物研究的目的，不仅是认知各种种类（race）、决定其一切物质、判定其间的区别三者，此外对于动物能力的起源、使动物存在的生命之得以维持的原因，以及此等动物在其体制的构成上、其能力的数量乃至发达上所显现的进展原因，也都要求得明白。

生理的现象和精神的现象，无疑的是同出一源的，可视作一个现象。而能使这真理表现得最明显的，就是动物的已知各类体制之研究。然而这两个同源而出的生成物，不过是一种作用；在当初虽然很难区别，以后就渐次显明，区分为判然不同的二系统；如果对此二系统在其有最大区别的状态时加以考察，似乎二者并没有什么共同点；现在多数的人，还仍是这样想。

　　但著者以为生理对于精神的影响，虽然容易探知，①而精神对于生理的影响，即使加以充分的注意，也不易探知。不过这同出一源的二系统，在双方相互作用、二者有最显著的差异之际，却未尝没有证明两者变化是相互有关的方法。

　　世人在其所发生的最显著的差异之上，欲表示构成生理的现象和精神的现象之二系作用的共通起源，已陷入歧途。应循的正道，恰与此歧途相反。

　　原来在实际上，世人之在表面上获得非常判然的二系统，乃是就人类研究出来的。可是人类的体制，其复杂已达极度，因此在生活现象的原因上、感觉的原因上及人类之赋有能力的原因上，也表示着最大的复杂性，结果要就人类把握其如此复杂现象的源泉，自然是一件至难的工作。

　　通常，仅从考察人类体制所得的结果，就据欲探求生命的原因、生理的及精神的感受性的原因，约言之，即人类所有之优越能力的原因，实在是不当的。在研究人类的体制以后，还应该努力研究其他诸动物的体制，考察与人类体制相互间的差异，及存在于每一动物特有能力间之类缘及此等能力的由来。

――――――――

　　①［原注］参照卡巴尼（Cabanis）题为《人类之肉体与精神的关系》（*Rapport du physique et du Moral de l'homme*）一文之有趣味的叙述。［校注］卡巴尼（Pierre Jean Georges Cabanis, 1757—1808），法国生理学家、唯物主义哲学家。卡巴尼认为，感觉这一基本事实是生命的最高属性和智力的最低属性。所有的智力过程都是从感觉演变而来的，而感觉本身是神经系统的一种属性。思想是大脑的功能，就像胃肠接受食物并消化它们一样，大脑接受印象，消化它们，并把思想作为其有机分泌物。

如将这些相互间的差异比较起来，并且把这些差异与考察人类体制的结果比较起来，或竟从最单纯的动物体制开始，到最复杂、最完全的人类体制为止，从其体制的构成上所示的进展（progression）及各种特殊器官之获得且结果又从获得的新器官发生的相当新能力加以考察起来，就立刻会明白：最初一些没有而以后渐次增加之数的必要（besoins），原来是满足动物适当行为的倾向所必需的；成为习性成为强力的行为，原来是使动物器官发达的必需条件；刺戟器官运动的力，原来对于最不完全的动物是存在于体外而刺戟之所必不可省的；原来到了后来，这种力就必须移入于动物本体之内，使之固定而成为发生感觉的源泉；原来到最后又必然的会形成智能和行为的源泉等等缘故。

著者在这里想附加述说的是：若果采用上述的方法，却不能因此以为唯感觉（sentimont）才是生体运动之一般的直接原因；也不能以为生命是由感觉对于各种器官所引起的运动之一个连续，换言之，就是一切的生活运动，非都为有感觉诸局部所受的印象所产生的。[①]

就最完全的动物来说，这个原因似在某程度内是必然的；但若将一切享有生命的个体都作同样看待，以为此等动物都有一切感觉能力，那就错了。因为像植物及有几种既知的动物，我们知道都不能证明它们是如此。

著者对于上述的原因，也并不认为是自然的实际状态。因为

---

① ［原注］《人类之肉体与精神的关系》，38–39、89页。

自然在创造生命之际，对于动物界的最低阶级之不完全动物，并没有赋以这种能力的存在力之故。

　　总之，自然对于有生命的个体，是把一切的事徐缓而连续的进行着，这一点已经不容置疑。

　　事实上，著者在本书中要说到的各种事件，都想引用已知的事实，来说明自然是渐次的将动物体制从简单的造成到复杂的，逐次把特殊的各种器官及动物享有的诸能力创造成功的。

　　在具有生命的一切个体之中，存在着某种阶段或渐进的连锁关系，这件事在很早以前就有人想到过，博内①就是其中之一。不过，博内虽曾有这样的主张，却并没有根据动物体制有关的事实证明这件事。固然，这个证明是必要的，特别是在动物方面；但博内在其当时的时代中，因为还不知道证明这件事的方法，所以他终于没有证明。

　　当研究一切动物的时候，除了动物的构造以外，还可以见到下述的诸现象。如：因发生新的必要时之环境约束作用、发生行动之必要的作用、造成习性和倾向之反复行动的作用之对于使用器官增大或缩小的结果，以及自然为要保存在体制上所获得的一切且使之健全的手段等。这几种现象，在合理的哲学上看来，都

----

　　① ［校注］博内（Charles Bonnet, 1720—1793），日内瓦博物学家、哲学家。他是最早在生物学背景下使用"进化"一词的人之一。博内最重要的作品是1769年发表的《哲学的重生》（*La palingénésie philosophique*），在该书中他旁征博引，广泛利用地质学、生物学、心理学和形而上学等领域的知识来描述地球上的生命及其未来，他的观点落脚于万物的不朽和持续进化。拉马克所引述的观点，应该就出自本书。

是极重要的研究对象。

但是这一种的动物研究，其中有一部份最不完全动物的研究，因过去之长期被人忽略，现在研究起来，实在得不到什么大兴趣。可是我们又必须知道：这方面的研究还是最近才开始的事，如果我们能继续努力下去，则未来的更新更多的光明会给我们发现，乃是意料中的事。

在博物学实际拓展开始、自然各界引起博物学者注意的时候，与动物界研究相对的人类之研究，主要的就是有脊椎动物，即哺乳类、鸟类、爬虫类及鱼类。在这些纲的动物中，种（espèces）通常是大的，而且有颇发达的局部组织和能力；又因为易于决定，研究上较诸属于无脊椎动物之部份似有更大的兴趣。

事实上，无脊椎动物的大部份，都是极度的小，它的有限的能力和器官的类缘，与完全动物的观察比较起来，都与人类差得非常的远。因此这些动物，通常均被人所忽视，直到最近以前，大部份的博物学者，对此还不过感到一些极少的兴味。可是在今日，我们已经抛弃了一向对我们知识之进步有害的轻蔑。为什么呢？因为这些动物的研究，对于博物学及动物生理学有关之许多困难问题，在最近数年来，都因此等珍异动物之注意观察，得到不少光明的启示，所以博物学者和哲学者，就不得不承认这些小动物之研究是一件最有兴味的事了。

著者因为曾担任过国家自然历史博物馆（Museum d'histoire naturelle）缺乏脊柱［著者名之为无脊椎（sans vertebres）］动物的教授，当时著者因把这些动物的研究、这些动物之观察及事实的搜集，以及这些动物本身移入至比较解剖学，不久就获得了非常的光明；这光明引起了著者研究此等动物的极大兴味，同时又把著者的信念提得极高。

无脊椎动物的研究，事实上对于博物学者确有很大的利益。因为（一）这些动物的种，在自然界中其数目远较脊椎动物为多；（二）因其种之数多，故其体制之变化也必然的多了；（三）这些体制的变化甚大，且截然而显著；（四）自然连续形成动物各种器官的次序，在无脊椎动物器官所受的变化中，表示得最为明显。所以单是这一方的研究，其所认得之体制的起源构成和发达的原因，较诸从脊椎动物最完全动物体上考察而得者远为切实。

著者在意会到这些真理的时候，就感到一件事：即为谋著者的学生易于理解起见，开始不宜即将这些问题的细目提供他们，使他们作如此深入的研究。最初须先将所有动物的一般性、动物全体及对于全体动物的基本观念教授他们，然后才使他们把握从全体分出来的各主要部份，比较各主要部份间的相互关系，使之对于各个动物都有良好的理解。

事实上，要达到知悉一种对象的真实手段，虽然是对象本身属于最细微最枝节的部份，也应该先画一个该部份所属的全貌，最初检视其全体、全范围，或构成该对象的各部份全体，然后求出该对象性质之起源如何以及对于已知其他对象的关系如何。简言之，就是先以著者所教授的见解，考察关于该对象之一切的普遍性；其次将该对象分成几个主要部份，于著者所教授的一切关系下，各别的加以研究和考察；于是将有关的该主要部份再分，分后而更细分，一面继续的加以检考，不久就到达最微细的部份。这时候，虽然已经是极其微小的枝叶，也不能轻轻放过，须探求其所有的诸特性。及至研究完了，努力从其间引出结论，那末，这个科学的理论系统，就徐徐的建设成功、补正而达于完美之境了。

只要照这样的研究步骤做去，不问科学的种类如何，都可以获得最广阔、最坚实而相互间结合得最适宜的知识。而且，只要单独的用这个分析方法，一切的科学都可以得到真实的进步，与其相关的诸对象决不致发生混淆，而得到彻底的了解。

但不幸的是：博物学的研究，从来不曾充分的用过这样方法。一般都认定个别的对象非加以仔细观察不可，于是趋向所至，就养成了视野限于此等对象及其最微小部份之考察的习惯；大部份的博物学者，也就唯少数的马首是瞻，将研究对象作为主要题目，形成一时风气。但是也未尝没有反对这种固执成见的人，以为观察的对象，不应限于它的形态、它的大小、它的外形部份（仅是最微小的部份）、它的色彩等等，在埋头研究的时候，依照上述的步骤，并不轻视该对象的性质如何、该对象一切所受的变更（modification）或变异（variation）的原因如何、该对象与其他已知一切对象相互间的类缘如何等等。这个习惯，也许是自然科学不致停滞的实际原因吧？

一般不充分采用前述方法的人，在其所著的博物学书籍或其他所发表的研究中，可以看出许多错误的地方；且如仅埋首于种的研究，欲把握其对象间一般的关系，也必致发生困难；同时，也决不能理解自然所行的整个规律，即所谓自然的法则本身究竟是什么，他们也几乎不能探得。

一方面，著者深信压缩此种观念、依从这种制限的方法是不对的；他方面因比较解剖学之急激进步、动物学者的各种新发见以及自己的各种观察所得，供给著者旧著《无脊椎动物分类志》（*Système des Animaux sans vertèbres*）不少改善的途径。结果，因为这本旧著有改订出版的必要，于是题以《动物哲学》（*Philosophie Zoologique*）之名而特别集成一卷，集录以下诸项：（一）关于动物界的一般诸原则；（二）动物研究的必要考察及应行观察的根本诸事实；（三）非人为的诸动物的配类（distribution），及制定最适切的动物分类之诸考察；（四）从搜集的事实及观察，引出合乎自然的最重大之诸归结，建设动物哲学整个的理论体系（philosophie）。

故此处之所谓《动物哲学》，实际上不外是一部题为《关于生物体的各种研究》（*Recherches sur les Corps vivants*）的旧著之加以再订、修正、增多补笔的新版。全书分三个主要部份，各部份分下述各章：

提示观察到的基本的诸事实及自然科学的一般的诸原则，是第一章。在本章中，著者拟先就现今所述的诸科学上关于人为的手段（parties de l'art）（著者自拟的称呼）及类缘（rapports）考察的重要事项和生物上之所谓种（espèce）的应有观念加以一番考察，其次在解说动物的一般性（généralités）之后，一方面陈述动物在体制上从最完全的直至最不完全的各阶段之递降现象（dégradation）的各种证明，他方面示以助成动物诸器官之发达或停止诸因的环境约束（circonstances）及习性（habitudes）对于各器官的影响。在第一部的末后，叙述诸动物的自然次序（ordre naturel）的考察和最实切的配类（distribution）及分类（classification）。

在第二部中，提示著者对于形成动物生活之基本的次序及状态的诸观念，指出值得感叹的自然现象之存在的必要诸条件。其次，预备致力于生物诸运动的刺戟因素、机能亢进（orgasme）及刺戟感应的刺戟因素、细胞组织之特性、得以进行自然生成（générations spontanées）之唯一的环境约束及诸生活行为之明显结果等等。

最后，在第三部中，表明著者关于若干动物之感觉、活动力、智能行为的自然科学原因的私见。

在第三部中，著者所论述的是：（一）神经系统的起源及形式；（二）神经流动体（fluidenerveux）；此物虽仅能由间接探知，但其存在实可由此物所发生之诸现象而证明之；（三）物理的感受性及感觉的机构。（四）动物的生殖力。（五）意志的源泉或意欲能力；（六）诸观念与种种的阶段；（七）注意、思考、想象、记忆等悟性之若干特殊行为。

第二部和第三部所述的诸考察，所包含的，不待说都是非常难于检考或甚至不能解决的问题。可是这些问题，却又极富于兴味，且试行考察，对于获得未知的诸真理或拓展到达此真理的途径，都有益处；著者以为也很重要。

第一卷

动物的自然志

关于诸动物的特性、类缘、体制、配类及种的诸考察

第一章　关于自然生成物之人为的诸手段

为什么形式的配类纲、目、科、属及名汇都不过是人为的手段？

在广大的自然界中，我们于努力追求知识之际，为了要（一）从无数富于变化的对象之中建立考察的次序；（二）于此等无数庞杂的对象之中，将若干有兴味而急欲知悉的群或个体清楚地区别出来；（三）将一切从对象获得的知识移传他人，就不得不用许多特殊的方法。用于此等目的的方法，在自然科学上，形成著者所谓人为的手段（les parties de l'art）；这些手段与自然的法则和自然的行为是截然不同的。这一点必须加以注意。

自然科学中，渗入人为意味的东西与自然固有的东西，两者间有区别的必要；同样的，在这些科学中，即就我们之认识得以观察的自然生成物而论，因其间有绝对不同的两种兴味，也有加以区别的必要。

就事实来说，所谓两种兴味的其中之一，就是著者所称之实利的（économique）兴味；理由是：因为这一类的研究者，其研究的出发点是为了要供自己利用，以满足关于自然生成物方面之经济的、悦乐的欲望。从这种立场来研究自然，只对于自己有用的一部份会感到兴味。

另一种则为与前者完全不同之理论的兴味（intérêt philosophique），具有这种兴味的研究者，想把握自然的进程（marche）、自然的法则（loi）、自然的工作（opération）；并且为了要得到一个自然使万物存在的整个观念，还有着想认识自然本身在它各个生成物内之情形的欲望。质言之，这一类研究者是想获得像博物学者那样的整个知识的。这一类研究者的数目，当然是非常的少；而从他们的立场来看，凡得以观察的一切自然生成物，都同样的感到兴味。

为了要满足实利及悦乐上的欲望，最先就相继想出许多用于自然科学之人为的手段。这在自然的研究上，很能增加认识的兴味；而这些人为的手段，在我们研究的时候，也有许多帮助。所以人为的手段，因其能帮助我们对特殊对象的认识，推动自然科学的研究使之前进，且在多数不同对象中之主要题目的认定上也有帮助，的确具有极大的效用。

至于对科学具有理论的兴味的研究者，虽然并不普遍感到关于实利及欲求的兴味，要想把人为的一切从自然所固有的区分开来，但正因为要得到后者一切的重要性，就不得不对前者加以适当范围的考察。

自然科学上人为的手段如下：

（一）一般或特殊部门之形式的配类（distribution systématiques）

（二）纲（classes）

（三）目（ordres）

（四）科（familles）

（五）属（genres）

（六）各种的群或各个的对象之名汇（nomenclature）

以上在自然科学上一般所用的六种手段，都是人为的手段，用以配列或区分各种观察到的自然生成物；这在我们的研究上、比较上、认识上，因为引用便利，所以已被惯用。但我们应该明白：自然对于一切的生成物，实际上并不曾这样区分过；这是人类自造的办法，不可与自然所固有的混淆，加以误用。所以纲目科属以及名汇，都应该认定是与人为的创案有关的方法。这些方法，虽然在我们研究时不可或缺，但为了要避免破坏一切利益之独断的变更，应该以适当的原则加以约制而慎重使用之。

当然，为了要分别自然生成物的部类，于其中设立纲、目、科、属等的区分是必需的；而且为了所谓种（espèce）的决定，还必须在这些部类之上，附以特殊的名称。在我们有限度的能力之内，因为这些都是必要的，有了这些才能便于观察，而且对我们关于相互间有无限差异的自然物之知识的固定也极有帮助，所以这种方法很是必要。

但是这些分类（其中有多数方法，是经博物学者之手而造出的，颇有效用）及包含于分类中的区分和再区分，著者要不厌其烦地说，全然是人为的方法。虽然在自然的顺列（série naturelle）之中，有几个已知而看似孤立的部类，似乎对于此等分类给予相当的基础，但就自然本身而论，却并没有这些情形。准确地说，自然在其所生的生成物中，实际上并不形成任何恒定纲、科、目、属、种，只是将个体相继形成，此等个体，类似其亲种而已。这些个体，属于无限种类（race），显示着一切的形态，而且表现着体制上的各种程度，跨着高低交互的境界，在不受到任何需要变化的原因之某种限度内，决不会起何等变化（mutation）。

现将自然科学上所用六种人为的手段，逐一加以简略的解说：

形式的配类——著者所谓形式的配类，无论在一般或特殊的部类上，其与自然状态均非一致。换言之，就是这种形式的配类，并不表示自然次序（ordre）的全体或其中之一部份，故不能充分作为决定类缘考察的立脚点。动物界的整个顺列（séire）是如此，植物界的整个顺列也是这样。

自然所设定的次序，存在于动植物两界的各种生成物之中；在今日，我们已有基础的认识。原来这个次序，是形成于各种生成物的原始状态中的。

这是一个唯一的次序，在有机界的各生物间，形成整个的、没有根本分界的一列。我们要认识它，可以借助于诸生物对象间特殊及一般的各种类缘之知识。位于这个次序两极端的生物，二者之间根本不过表示着极小的类缘；而于体制及形态上，却表示着极大的差异。

我们认识了这种次序之后，同时还可以明白，它是应该对过去我们为便于配列所观察得到的各种自然物不得已而作之形式或人为的配类取而代之的。

实际上，世人对于观察所得的各种生成物，最初仅欲将它加以简易的区分，以便于研究而已；自然次序的存在，就连想也从未想到过；因此为了这许多生成物的配类问题，于黑暗中摸索次序，经过一段极长的时间。

于是在一切种类的分类上，产生了人为的式样和方法。这些式样和方法因为都立足于非常独断的考案上，故其配类无论就原则来说，无论就性质来说，几乎言人人殊，莫衷一是。

就植物来说，林奈（Linné）①之根据雌雄器官的分类方式（système sexuel），是非常巧妙的一般的形式配类。昆虫方面，法布里丘斯（Fabricius）②之《昆虫学》（Entomologie）提示着关于特殊部类的形式配类。

就我们所知，近时自然科学的理论（philosophie）确有了长足的进步，至少在法国，我们应该承认已渐渐从事于自然分类（méthode naturelle）即求配类于自然固有的次序这回事。因为这种次序远离一切独断，是值得博物学者注意的唯一稳定的东西。

在植物方面，因为这些生物所显示的各部体制特性及类缘关系之差异不明，想确立其自然分类，至今还在极度的困难中。但

---

① ［校注］林奈（Carl von Linné, 1707—1778），有时亦作林奈乌斯（Carolus Linnaeus），瑞典植物学家、动物学家和医生，瑞典科学院创始人之一和首任主席。他奠定了现代生物学命名法"双名法"的基础，是现代生物分类学之父。他最早考虑根据雄蕊和雌蕊的数量来划分植物。

② ［校注］法布里丘斯（Johann Christian Fabricius, 1745—1808），丹麦昆虫学家，师从林奈，因通过昆虫的口器进行昆虫分类的研究而知名。

自有安托万·洛朗·德朱西厄（AntoineLaurent de Jussieu）①之高明的观察以来，植物学的自然分类已有一大进步，依照相互间类缘的考察，已经设立了许多的科。不过这些科的相互间之一般整顿，其结果尚不能对次序全体之一般整顿作确实的决定。真实的说，只不过发见这个次序的开端而已，次序的中央部份尤其是末端，至今尚不脱独断的范围。

至于动物方面，情形就不如此。因为对动物的体制已有很清楚的把握，容易窥得许多类系，所以关于动物的研究，已有极大进步。现在动物界中的自然次序，其各主要群已可写出稳定而且满意的草案；所囿于独断范围者，仅纲及其目与科及属之间的界限而已。

假如在各动物之间，还要作形式的配类，则这些配类——例如属于一纲的各对象之配类——亦仅为特殊的情形。因此，鱼类及鸟类的诸配类，至今还是形式的配类。

生物的类从一般的下降至于特殊的，其借以决定类缘的诸特质渐次成为非根本的特质，因此在自然次序的认识上，也就增加了困难的程度。

纲——纲的名称，在动物界或植物界中，是一般分类中最先设定的部类。纲中所设的其他部类，又另定其他的名称，容于后述。

我们关于构成一界动物间之类缘的知识愈进步，则若于形成

----

① ［校注］安托万·洛朗·德朱西厄（1748—1836），法国植物学家，主要贡献是最早系统地将显花植物进行分类，他的分类方法大部分沿用至今。

纲之际，注意其已知类缘，就会感觉该界最初为区别而设的纲愈为适当，似乎这些纲是极与自然相吻合的。但此等诸纲间的界限虽然看似适当，到底是人为的；因其是人为的界限，故博物学者若不一致承认人为上若干原则而遵行之，就会常因记述者之手而起独断的变动。

这样，自然次序即于某界中完全知悉的时候，为了要区分这个界，就不得不于此处设立纲，所以纲实在是人为的区分。

固然，尤其是在动物界中，此等区分的多数极像实际上自然本身的情形。若谓哺乳类、鸟类等并非自然形成的极明显而孤立的纲，在长时间中确难令人置信。但是这无非是一个幻影，同时，也无非是我们关于存在于今日或存在于已往的动物界知识有限之结果而已。我们从观察而得到的知识愈进步，则纲的界限即使是看似最孤立的纲，因我们之新发见，愈益得到不应有的证据。鸭嘴兽（Ornithorhynchus）和针鼹（Echidna），就是存在于鸟类与哺乳类之间的中间动物。澳洲的广漠地方或其他各地，若更有这一类的动物发见，则自然科学之要得到这方面的证据，也许随处会有。

如果从纲是一界中所设的第一部类看来，则于一纲所属的动物之中再设部类，这些部类就不复是纲。因为在一纲中再设多数的纲，其不当极为显明。可是实际上在这样办的，却颇不乏人，布里松（Brisson）①在其所著的《鸟学》（Ornithologie）中，就在

_____

①［校注］布里松（Mathurin Jacques Brisson, 1723—1806），法国动物学家、物理学家，其在1760年出版的《鸟学》，是鸟类科学研究的里程碑。

鸟类的纲中分着多数特殊的纲。

自然不受法则支配的地方是没有的，同样，人为的手段也应从属于诸规则之下。人为的手段如缺少规则或不采用规则，其一切的结果都是浮动的，不能达到研究的目的。

近代的博物学者们，有从纲分亚纲（sous-classes）的习惯，还有其他的人，把这个观念应用到属的地方去。于是这些人不单设立亚纲，而且设立了亚属（sous-genres）；这样下去，我们的配类不久总会有亚纲、亚目（sous-ordres）、亚科（sous familles）、亚属、亚种（sous-espèces）都具备的一天吧？这种办法，实在是滥用了不高明的人为手段；林奈的示例提案，一经大家采用，就破坏了部类的顺序和它的单纯性。

无论是动物，是植物，因为一纲内所属生成物的多样性有时候是很大的，故把一纲内的生成物施以多数分割，或分割而后再分割，是必要的手段；但为科学的利益着想，为容易研究计，人为手段的区分实应尽量的使其有最大的单纯性。这种利益，不待说，虽然允许一切必要的分割和再分割，但对于各分割复加以特殊的称呼这件事是反对的。名汇（nomenclature）的滥用应有限制，不然，则名汇就成为比研究这个对象本身更难明了的一个主体了。

目——目的名称，是指由纲而分出的主要而且为第一次的部类。但若此等部类，其自身有一次的分割，则从该处所设的其他部类所示的情形看来，这些二次的部类就不是最初的目的；若加以目的名称，是非常不当的。

例如软体动物的纲，在性质上很容易于其中设立两个大的主要部份。即一部份是有头、眼等器官，行交尾生殖的；反之，另一部份是没有头、眼等器官，生殖并不行交尾的。这两部份当然可以视作该纲中的有头软体类（mollusques céphalés）及无头软体类（mollusques acéphalés）两名称的理由。故从目分出的这些区分，其本身是二次分得的群，应该视作大的科。

于人为的诸手段中，对于林奈所设立之大的单纯性及美的顺位，当然希望它保存下来。而我们在目（即纲的第一次分割）有数次分割的必要时，因其必要，不得不形成二次部类；而这些部类，却不必加以任何特殊的名称。

分割纲的各目，应该根据各目所含的一切生物间之重大诸特性来决定，但适用于对象自身的特殊名称，却并不需要。

纲的诸目之中，因必要而不得已形成的区分，其情形亦复如此。

科——科的名称，在生物两界的自然次序中，是早已被公认的部类。自然次序的这一部份，一方面较小于纲及目，他方面又较大于属。但不论科是怎样的具有自然性，不论其所含之属的真实类缘怎样相近，在目所规定的境界内，总逃不出是人为的手段。因其为人为的手段，故自然生成物之研究越进步，新的观察获得越多，则经博物学者之手的诸科之界限愈有不绝的变化，这是我们所常见的。于是有时将一科分成新的数科，有时将数科并合成一科，有时甚至在已知的一科上复行追加，使之扩大；因此原来科的界限，就这样的逐渐扩大了。

如果属于生物某界的一切种类（亦称为"种"）已完全详悉，

又对于这些种类每个之间及形成种种的群之间的各真实类缘也已完全知悉，凡到处所见之各种类的远近关系及各种群的位置恰与自然的类缘相一致，这时候，纲、目、区（section）、属将都成为各种大的科。因所有的群，都应表示自然次序之大小不一的部份之故。

著者在引用这种办法的时候，对于设定这些群之间的界限这件事，恐怕先要遇到无上的困难。因这种界限由于各人的独断，不绝的在变更着；得到一致承认的，仅限于顺列中诸空隙所昭示我们的界限而已。

幸而为了实行我们的配类上所必要采取的人为手段，今日为我们所未知的动植物之种类尚有多数存在；又因这些种类的栖息地域或其他事情之不绝妨害，恐怕虽在将来，还尚有多数为我们所未知的种类存在。而其结果，无论在动物上或植物上，于全顺列中所生的诸空隙，将会长期或永久的供给我们处置应形成诸区分之大部份生物界限之途径。

由于习惯和一种必要，对于各科，和对于各属同样的需要对其所属附以适用的特殊名称。这件事的结果，科的界限范围及其决定的变动，就常成为变更名汇的一个主因。

属——属的名称，是加于构成小而多的顺列之种类（race）之集合上的，依照类缘的考察，根据为局限起见而独断的选定诸特性而加以限制的。在某属设定得很适当的时候，则其所包含的一切种类即种，由于它们之最本质的且最多的特质相互间颇为相似，可视作自然相互接近的配位。其间的差异固不十分重大，然欲在其间建立区别，应在充分的性质之上。

　　这一种设定得适当的属，确为真实的小科，亦即自然次序中真实的一部份。

　　但是，属的界限也与科有同样的情形。科的顺列，固然随考察其形成之独断而多变更的记述者见解而变动其界限及范围，而属的界限，也因许多记述者各自独断的意见，使决定所用的诸特性常有变更，同样的起着无限变动。但是属的每一个是必需一个特殊名称的，而且决定属的特性之每一变动，几乎常伴有名称的变更；故各属不断的变迁对于自然科学的进步，当然有很大的妨害，异名（Synonyme）之增加，名汇之累积，对于此等科学之增加研究困难岂独使人不快，其引起的反感且在言语以外。

　　博物学者对于为设定属及其他的一律限制，未知何日始能同意服从协议诸原则？他们一方面被诱于许多对象间所存在的自然诸类缘之考察，同时又有极多极多的人尚坚信他们所设定的属、科、目、纲，实际当存在于自然之中。他们借助于诸类缘的研究而获得的良好诸顺列，虽其自然次序之大小各部份真实存在于自然之中，但为了要分割自然次序，他们对于此处彼处所设的分割诸划线实际上毫不存在于自然次序中的这一点，却并不加以注意。

　　结果属、科、各种区分、目以迄于纲，虽然构成这些群的顺序是十分良好，十分近于自然，但依然不脱是人为的手段。不待说，设定这些界限是必要的，其目的极为明白，而且有不可或缺的效用。但由这些人为诸手段所得到的一切利益，若要使其不为反复而生的滥用所破坏，则这些群的每一设立经一度承认之后，一切的博物学者就必须一致服从，受诸原则诸规则的支配。

名汇——这是为使自然科学进步而不得不用的第六种人为手段。所谓名汇，就是在生物的各种类即各种生物的特殊体或各种生物的群——例如各属、各科及各纲——上面所加的名称之一体系（systéme）。

名汇所包含的只有种、属、科、纲的名称，我们为了要明白表示它的性质起见，对于所谓术语（technologie）的另一人为手段，就应该与名汇有判然的区别。盖术语仅是对自然物各部份所加的称呼。"自然科学者的一切发见和一切观察，当其已经观察、已经决定的某物被人述及或引用时，因欲指示某物而即加以名称；此名称一经加上，就必然的会从社会的使用中而被忘却。"①

博物学上，名汇亦为人为手段之一，而且因为要决定我们关于观察所得之自然生成物的诸观念及把我们对于关系对象的观念或观察传诸他人，是一个不得不用的手段，这是很明了的事情。当然，这种人为的手段也应和其他诸手段一样，统制于一般所承认而且采用的诸规则之下。但在使用这种手段之际，对于到处被承认、被非难、之与日俱增的滥用，却必须加以注意。

实际上，因为属、科以至于纲，其形成均无任何被承认的规则，这些人为的诸手段，很有独断的有一切变动的危险，因此，

---

① ［原注］《植物学辞典》（*Dict. de Botanique*）"名汇"项。［译注］是书为拉马克之著作，自1883年至1917年出版自A至P三卷，以后由波华雷（Poilet）续着目P以下，完成十卷，并有关于植物学的历史、植物的自然分类之长序。

名汇也不免受到这些无限制变迁的余殃；如果永久没有限制的规则，则名汇决没有统一固定的时候；而且时至今日，仍有许多异名在各方面增加着，破坏着科学的利益，要想把这个无统一的毛病改善过来，似乎愈益积重难返了。

若果从构成生物某一界的生成物之顺列内引得的一切区划线，除去了充斥于诸空隙的东西，把它当作真正的人为手段来看，那末像这一类的弊端，大概决不至于发生的吧？这样的想法，完全不曾把这件事仔细考虑过，而且连疑惑也不曾疑惑过。直至现今为止，博物学者们的眼光几乎都限于只要把对象物能区分开来的一点上，对于这件事，著者欲加以证述：

事实上，为了要满足我们的要求，在我们能力所及的范围内总想把一切自然物的用途明悉，而且把它保存起来；因此，把这些自然物的诸特性来加以正确的决定是一件必要的事。而且到了结果，对于许多自然物相异的地方、体制构造、形态比例及其他诸特性之探求和决定，在任何时候对于它们之认识以及相互间区别之判定，都觉得必不可省。这些，就是博物学者们于检考对象物时能够得到如今日那样程度的事情。

在博物学者所做的一切事情之中，这是最进步的一部份。一世纪半以来，为了要使这部份的事情成功完璧而费去莫大的努力，当然不是无故的。其理由，就在于探知新观察所得的对象，使能于想起已知的对象之上，借此得到助力；又在我们有用的时候探得其固有性，或固定应知各物的知识。

然而博物学者们无论在动物方面或植物方面，关于分割它们的一般顺列而设之区划线，在以上的诸考察中都陷入了过度的偏执，而且专一耽溺于这部份的事情中了；他们没有从整个的立场把这件事加以考察，也没有把一切对象作相互的理解，就预先设立协议规则，限定这件伟大事业各部份的范围，决定各个原则。因此他们就陷入了无限制的滥用。于是各人为了决定纲、目、属，各人就擅自改变主张，以致许多不同的分类法，不绝公布于世；所谓属，也连续发生着无限制的变动；而自然的一切生成物也就逸出了它的常规，结果它的名称，起了不断的改变。

这样，结果在今日博物学上的异名就达到了可怖的程度；这一门博物学的科学，于是与日俱增的被遮上了暗云，几乎已到了不可收拾的困难地步。而自然对于供人类观察和使用的万物，却知道的；对于为确立区别手段而发挥的人类之最大努力，一旦变成了广大的迷路而人们竟欲挺身而入的事，当然会使人起畏怖之感。①

如上所述，确为忘怀了人为的技巧之属与自然固有之属的区别和为了设定重要诸分割不可作独断的决定而不努力于制定适当规则的余殃。

---

① ［原注］1806年开学日讲演，页5、6。

第二章　考察类缘的重要事项

　　已知的自然生成物间的类缘之认识、造成自然科学的基础、予动物之一般配类以固定性的原因。

　　在生物中，比较考察两个对象间之类缘（rapport）这件事，就是于其间求得类似（analogie）或相似（ressemblance）的诸特征。这时候，两者各部就全体的或一般的加以处理，如所得的为该部份根本的特征，则单是该特征，对于类缘所给予的价值就很大。这些特征于二者相符合的范围之内如愈为显明，则此等特征所示对象间之类缘愈大。此等类缘，表示着于这个条件下诸生成物间所存在的一种血缘；在我们的配类中，具有此等生成物间依类缘之大小为比例而有相互接近之必要的意义。

　　类缘的考察，自从真正对这件事加以注意以来，自从就此等类缘与其价值而决定真实的诸原则以来，在自然科学的进步上，究竟可以见到怎样大的变化呢？

　　在这个变化以前，我们在植物学上的配类，完全被囿于一切记述者之独断及日新月异的技巧分类法之范围中。即使在动物界，其包含已知动物过半数之无脊椎动物的配类，也有的置于昆虫（insectes）的名称之下，有的置于蠕虫（vers）的名称之下等等，设立从类缘的考察看来都是相互差异极大、内容相隔极远的诸动物之极无连络的群。

幸而到了今日，关于这方面的情势已起了变化；若博物学的研究继续下去，其进步当然指日可待。

考察自然的类缘（rapports naturels），是在把有机体依据法则而配类之际，在我们所拟成的试图（tentative）上，禁止加入我们独断的。这件事于自然的分类中，昭示着我们应该服从的自然法则；使能在博物学者们最初构成配类的诸主要集团上、在构成这些集团的每个单位体被给予的位置上，都能将博物学者们的意见强制而成一致；又在从事于这些事情之际，使能在表示自然逐渐造成诸生成物的次序上，也被强制而有一致的意见。

以上关于各种动物有相互间的类缘诸点，确应作为位于所有动物之一切区分或一切分类之前的最重大研究对象。

这里所述的所谓类缘之考察，不仅论及各种（espèce）间所存在的类缘，同时，对于把应行比较观察的诸集团，决定其何者相互接近或者相互远离之全序次一般的类缘（rapports généraux）也作为一个问题来加以研究。

类缘的价值，虽因其表现部份之重要程度而有极大的差异，但外形上的诸部份却是一致的。若此等类缘是非常的大，不仅是本质的部份，就连外形上的诸部份也不表示有什么决定可能的差异，这时候，被考察的对象物当仅为同一种的诸个体。但若诸类缘的范围虽广，外形的诸部份却表示着有认识可能的差异，而其差异的程度又较本质的类似之任何一处为少，这时候被考察的对象当为同一属（genre）之异种（espèce）。

诸类缘的重要研究，不仅止于纲、科乃至种的相互比较和决定其间的类缘。此外，还包括构成个体之各部份的考察，以及对于此等各个体之同种类部份的比较；复根据其研究，为欲认识属于同一种类（race）之诸个体的同一性（identité）或存在于判然不同的种类之间的差异，寻出一个良好的方法来。

事实上，构成一个种（espèce）或种类（race）的一切个体之各部份比例和结构，通常都形成同一的形状而显现，因而我们通常在观察之际，又似乎觉得它是在持续着。根据这种情形，则如果把自个体分离而出的若干部份考察起来，就可以决定此等部份之已知的或为我们所新知的是属于那一种，自是正当的结论。

这种方法，于我们观察的时期之中，是使对于自然生成物状态的知识得到进步之非常良好的方法。但由这种方法所得结果的各个决定，只不过于某一限度时间内是有力的，理由是：种类的本体，若对该种类影响所及的环境约束起了显著的变化，则其各部状态也就会跟着发生变化。就事实而论，因为此等变化通常不过以我们所不能察得之极微速度而进行着，故各部份的比例和结构在观察者的眼前无论何时是同一的；其结果，观察者于实际上就决不能感知此等部份的变化。而观察者因为不能观察到它的变化，于是对于某部份因变化而致的差异，一经发现，就认定它是与生俱来的了。

如果把相异个体的部份与同一种类的部份比较起来，则于此等部份之间所见到的类缘之远近，极易作确实的决定；同时，对于此等部份是否属于同一种类之个体或属于相异种类之个体的认识，也是一样的真实。

有缺陷的，仅为过分轻率而定之一般的归结而已。本书中没有一再证述这种归结的机会。

这些类缘，在仅作不关联的考察之结果上，即仅从割离的一部份考察而决定的时候，常为不完全的。但立足于某一部份考察而得的诸类缘，虽然不完全，若其显示类缘的部份是本质的，其价值还是很大；不过若是非本质的类缘，当然没有什么价值。

所以在我们所认识的诸类缘中，各有具决定可能之种种程度，在可以提示此等类缘的诸部份中，从重要性的价值看来，也有种种不同。就事实而论，这项知识，如果不把生物体中的重要诸部份从重要程度较少的部份区分出来，又如果由若干类而形成的重要诸部份上不能发见确立其非独断的价值之适当原则，则任何地方不能适用，任何的效用也没有。

在最重要的部份中同时可以表示主要诸类缘的东西，在动物界中，是保存它们生命的根本各部份，在植物界中，则为司生殖的根本各部份。

即得以决定之存在于生物间的主要诸类缘，在动物界中常可求诸于其内部的体制（organisation），在植物界中则可求诸于结实（fructification）。

但是以上二者，无论在那一方面，于探究其类缘之际，其应行考察的最重要各部份，都有着各种不同的种类；因此，为决定此等部份之各个重要程度而不陷于独断，其应该采取的唯一适当原则，是在考察自然使用最大的事或这种使用法具有该部份的动物发生能力之重要性本身。

在动物方面，其内部体制之应提示考察的主要诸类缘，以三种特殊器官为最适宜；因此这三种特殊器官之应从其他器官选别出来，是极当然的事。如依据这三种特殊器官之重要性的顺序而表示之，则如下：

一、感觉器官有司传达之中枢神经。这种中枢在有脑动物中为唯一的，在具有节纵走神经索的动物中，其数颇多。

二、呼吸器官肺脏、鳃、气管。

三、循环器官为动脉及静脉。在此种器官最多的动物中，并有所谓心脏之作用中枢。

在这些器官中，依自然的情形来说，前二者较第三者即循环器官应用更为普遍，故亦更为重要。循环器官在甲壳类以下的动物中即行消失；但前二者不唯在甲壳类中依然存在，即在甲壳类以下之二类动物中也未曾消失。

前二者之中，在类缘上的价值尤以感觉器官为最大。因为感觉器官在动物的诸能力中是发挥得最显著的一种，而且，假使没有了这种器官，就无从发生肌肉作用。

至于在植物方面，其生殖上之根本的各部份是为决定诸类缘而提示主要特质的唯一重要物。此处若关于植物方面也有述及的必要，则著者当将此等部份如前之依照价值或重要程度的顺序而示之如下：

一、胚种、胚种之附属物（子叶、胚乳）及藏胚种之种子。

二、花之性的部份，如雌蕊及雄蕊。

三、性的部份之外包、花瓣、萼、其他。

四、种子的外包或果皮。

五、受精无必要的诸生殖素。

以上诸原则，大部份已经为一般所承认；过去自然科学之缺乏坚实性和稳固性，因此而得充实。故根据这些原则而决定的诸类缘，也不为各人的意见之变动而被左右；对于我们一般的配类，也由此而得强制；而且，不单配类因此等手段之强制而得完全，并且更能使这些配类日益与自然的序次相切合。

实际上，自从类缘考察的重要性被我们所理解以来，尤在近数年中，可以看出我们为决定所谓自然分类（méthode naturelle）而在开始努力企图（essais）的情形。这种分类，不外是我们追踪自然使一切生成物存在之步程的素描（skètch）而已。

人为的分类法立足于链接诸对象为其间之自然类缘所烦累的特性之上，使之发生足以阻害我们对自然知识之进步的分割配类，这在今日的法国，已经第一个表示弃置不顾。

在动物方而，要决定各动物相互间的类缘，必须依据各动物的体制；这在今日已为我们所坚信是正当的事。因此它的结果，若在动物学上欲决定此等类缘，其必需的一切光明，当非借助于比较解剖学不可。但是从专心于此等类缘发见之解剖学者们的研究上搜集而得的一切，不过都是一些事实，他们常没有从其研究中引出什么归结。关于这一点，我们有考虑的必要。为什么呢？

因为此等归结，其决定的立场、见地极多，在捕捉自然法则及真实的规则时，颇有令我们迷惑、阻止我们前进之虞的性质。人类的思想，每当观察任何一个新事实的时候，往往喜附以事实发生的原因而常不免陷于误谬；人类的想象，又极富于创造力，当对一件事实施以判断之际，常会忘却由观察、搜集的诸事实所供结之一般考察，于是又陷于误谬。

如果把对象间的自然类缘加以考察，并将这些类缘作正确的判断，则种（espèce）就基于这些考察而相互接近，在某一界限内，集合成一群而得命名为属。属也基于同样的类缘考察而相互接近，集合成位置高于种的一群，形成了所谓科。这些科，也基于同样的类缘考察而构成目，目也可根据同样的手段而形成纲（classes）的第一区分；最后，纲又在各界中形成主要区分。

因此，我们若能在各界中之纲、各纲中之目、各目中之区（sections）或科、各科中之属，造成各个属，则于种之决定分割时，在形成的集团上，我们之应受指导的，无往而不是经过正确判断的自然类缘。

属于某一界生物的、被普遍统制于诸类缘考察的次序而配列的全顺列，认为是足以表示自然次序本身的东西，这是有完美根据的事。但如著者在前章所述，为了要有容易知悉对象本身的可能，于这个顺列内有设立必要之各种分割，虽然可以表示自然设定之次序本身的自然部份，但究竟不是自然所设定的分割而为十足的人为手段，对于这一点我们有考虑的必要。

动物界中，诸类缘应基于体制而被决定；又，为了那决定此等类缘而应采用的诸原则，其根基已不容我们怀疑；在这二点上，若再加以上述的考察，则在这些考察中之动物哲学，就可以得到坚实的基础。

一切的科学，应该有它的理论体系（philosophie），这已为大众所周知；有了理论体系，科学才有实际的进步。博物学者虽然记述着他们所发见的种，虽然为欲捕捉其一切的小差异、细微的诸特性而不惜耗费时间，将记载所得之种的庞大表格加以扩大；约言之，为欲赋属以特质而将诸考察之使用不绝变化，为欲将属作多种设定而耗费其光阴，都是无益的事。若忘却了这个科学的理论体系而斤斤于此，其进步是空虚的，总之研究全体不脱本末倒置之弊。事实上，自从我们企图对诸对象间之远近的类缘（这些对象包含于自然的一切生成物中，又包含于我们在这些生成物间所形成的各种分割中）予以决定以来，自然科学在它的原则上，已渐渐获得坚实性，而且已获得使该科学成一完整科学的理论体系。

自从我们开始于诸对象间之类缘的研究以来，在完成配类及分类的事情上，究竟得到了一些什么利益？

就事实而论，自从作者开始研究此等关系以来，已经知道把纤毛虫类（infusoires）①并入与水螅类（polypes）同一纲之中的事

---

① ［校注］拉马克认为，最简单的生物，即"纤毛虫"，是自发生成的。这些生命是小型胶状物，内部液体有一些运动，由热引起。它们组织的简单性使它们能够自发地出现，成为物理规律的自然产物。

是不当的，又辐射对称类（radiaires）[1]也不应与水螅类混同；又水母（méduses）或其他与水母相近诸属之柔软动物，林奈乃至布吕吉埃[2]都把它们放入软体动物中，但它们根本却与海胆类（échinides）相近，故应与后者相合而形成特殊的一纲。

此外，著者自从开始此等类缘的研究以来，还确知蠕虫类（vers）是包含与辐射对称类动物极为相异、与水螅类动物更为相异的动物之另一群，蜘蛛类（arachnides）最初不能作为昆虫类之纲的一部，又蔓足类（cirrhipèdes）既非环节动物类（annélides）[3]也非软体动物（mollusques）。

此外，著者自从开始此等类缘的研究以来，在软体动物的配类上，已经做了不少根本的正误，与腹足类（gastéropodes）[4]判然

---

① ［校注］辐射对称动物（Radiata）是一个已弃用的动物分类单元，包含多类身体呈辐射对称的动物，在旧时的分类体系中与两侧对称动物共同组成了真后生动物。根据当前的系统发育研究，辐射对称动物无法构成单系群，被认为是早期研究人员的错误归类。这些动物的共同特征或为趋同进化的结果，并不代表拥有共同祖先。

② ［校注］布吕吉埃（Jean Guillaume Bruguière, 1750—1798），法国医生、动物学家和外交官，他命名了140多个海洋属或种。

③ ［校注］环节动物为两侧对称、同律分节的裂生体腔动物，有的具疣足和刚毛，多闭管式循环系统、链式神经系统。常见环节动物有：蚯蚓、蚂蟥、沙蚕等。

④ ［校注］腹足纲是软体动物门中重要的组成部分，该类物种具有明显且发达的头部，腹面有肥厚而广阔的足，所以得名，包括蜗牛、海螺和蛞蝓等。

不同而在类缘上却很和该类相接近的翼足类（ptéropodes）[①]，把它置于腹足类与头足类之间也知道很不当，它与一切的无头软体类（mollusques acephales）相同，没有眼，头部也几乎没有，甚至连Hyale[②]也已不明了显示其头部，因此翼足类应该置于与该类相邻接之无头软体类及腹足类之间。请参看第一卷之末章第七讲[③]中关于软体动物之配类各论。[④]

在植物方面，如果于已知各科间诸类缘的研究，更能提供我们一些智识，对于各科在一般顺列中所应占的席位更知道得明白些，则此等生物的配类，当不复如最初之有为独断所左右的余地，更能够与自然的顺次相一致吧。

这样我们所观察之生物间的类缘研究之重要性已经极为明了；在目前，这种研究之应视为使自然科学进步之研究的主要工作，也是不容否认的了。

---

①［校注］翼足目为完全浮游生活的后鳃类腹足纲软体动物。其腹足背部发育成一对发达的呈翼状的鳍，故名"翼足"。内部器官左右不对称，中央神经系统为直神经。雌雄同体，卵大多产于体外，发育经过浮游幼虫时期。这个分类最初由居维叶在1804年提出。

②［译注］属名Hyalea，为拉马克所设定的属。［校注］这个属最早出现于拉马克对海洋生物的研究中，用于描述某些生活在海洋中的小型甲壳动物。

③［译注］为第八章之误。

④［译注］本译书中已被省略。

第三章　论生物的种及其应有的附属观念

所谓种与自然是同样的古、一切的种都同样存在于远古云云是不确实的；实际上种的形成乃逐次的，唯在短期内因比较是恒常的，致一时不能察得其变化。

把生物中所谓种的应有观念施以确然的决定，并不是一件无谓的事；又，一般所谓种有绝对的恒定性，与自然同样的早就存在，一切的种最初就像今日所见那样的存在着的话，究竟是否真实？或者以为种是生于栖息环境的，环境发生变化后受环境约束的诸变化所支配。经过某段时间后，种的特性和形态，即以极度的微速而起了改变。这样想法，是不是对的呢？研究这些问题，都不是无益的工作。

要阐明上述的问题，单凭我们关于动植物学上的知识是不够的，对于地球的历史，也根本要接触到。

著者在下章中，拟将各个的种由于长期围绕其周围之环境约束的影响得到如今日所见于该种的习性（habitudes），而这些习性今后又影响其种之各个体诸部份，使发生局部的变化，俾与获得之习性互相连络的事，加以述说。现在，先就最初命名为种的观念来研究一下。

所谓种，是相似的个体集团；此等个体，是从与此等个体同样的其他个体中生出来的。

这个定义是正确的，事实上，受到生之恩惠的一切个体，也常与生这些个体的个体或诸个体极度类似。但在这个定义中，以为组成种的个体其种别的特性是不变的，故其结果，就认定种在自然界中具有绝对的恒定性，而且把这一点观念附加到种的上面去。

著者于此欲申述异议的，只在这个附加观念。理由是，根据观察所得的明确诸证，足可以证实这个观念之毫无根据。

这个几乎为一般所公认的观念，即所谓生物由于其不变的特性永久构成判然可分的种，其存在与自然本身之存在是同样的古这个观念，实在是观察尚未充分、自然科学几乎尚未发生的时代里所产生的思想。这个观念在有博见广闻、长期探索自然、可将我们的博物馆①之广大丰富的搜集物作有力参照的每个人眼前，已日渐被迫于穷蹙之境了。

因此，孜孜不倦于博物学研究的人，在决定种的观念之际，知道今日的博物学者对于这件事是陷于极度的困惑中。这些博物学者们，对于事实上属于种的一切个体与其生存环境的存续期间不过有着相对的恒定性，以及此等个体中的若干部份是在变异着、在构成着与若干其他邻接种的个体不能作截然区别的种族

---

① ［译注］指巴黎的国家自然历史博物馆。

（race）的事，都不知道，于是把在各国、各种状况下观察到的个体，或认为是某个体的变种（variété），或认为是另一种个体的种（espèce），施以独断的决定。结果，在一般研究中关于种的决定部份，就日益增加缺陷、日益增加纠纷和混乱了。

就事实来说，与体制及体制各部的全体非常类似而每代保存着同一状态的个体群，自从为我们所知以来，其存在是可以永久认得的；因此以为此等类似个体群能构成与该数相当之不变的种，就成了可信的事。

这样的想法，对于某种所属的个体仅限于影响其生活方式之环境约束根本没有变动的时间之内是对的，然必须环境永不变动方能永久持续的事，却还没有注意到；而且现在的臆测，因为认为此等类似的个体是世世代代连续一致的，所以每个人都以为各个体永远不变，与自然同样的存在于远古；而且以为各国的种，都是由现存万物之至高创造者的手而特意创造而成的东西。

当然，如果不依据万物之至高创造者的意志，任何东西也不会存在。但是，我们对于这个创造者的实行其意志的法则，以及实行的方式不是有予以决定的可能么？对于创造者以无限能力逐次造成今日为我们所见的一切东西乃至一切我们未知而已经存在的东西之各物的次序（ordre de choses）不是有设法探得的可能么？

不待说，无论其意志是为那样的东西，它的无边的力，在任何地方都是同一的；而且这个至高的意志，无论是在那种方式下实行，任何力量也不能减低它的伟大性。这是很明显的事。

因此在对于这些无边睿智的法则，敬致敬意，预拟不越自然观察者之一的界限以外，若能于自然形成生成物所经的途程之中，发见了什么，则著者当毫不踌躇的断定自然之所以有这种能力及力量，都是禀承着创造者的意旨的。

生物中形成种的观念是颇单纯而且容易获得的，它由繁殖即世代的继续而得维持不衰，它由于诸个体的类似形态中之恒常性而被我们所确认；而我们日常所见的所谓种的大多数，也都与上述的一切相符。

但是，如果我们关于掩覆地表面全部的一切有机体之知识愈有进步，则于决定种的应有观念之际，我们的困惑亦将愈益增大；况乎在属的界限中，要区别起来更不容易。

假如把自然的生成物搜集起来，使搜集物日益丰富，终于填满了一切的空隙，则这时候我们的区划线也就消失了。因为我们的决定不脱独断的范围，因此我们把变种之极细致的差异，当作命名为种和特性；或者把其他东西看做特殊的种之构成物；把仅有些微差异的个体，宣示为某种的变种。

反复的说，如果我们的搜集愈丰富，愈可以得到下述两端的确证；即：一切的生成物，其差异都作大小不等的减低，显著的差异逐渐消失；又，自然为了我们要对生成物加以区别而供给我们的区别痕迹，大部份都是一些微末的特性，只不过是儿戏那样的区别而已。

动物及植物之中，因配属于各属的种很多，所以极形广泛。因此，此等种的研究和决定，在今日似成为一件极难着手的工作。这样的属非常之多。把这些属的种施以顺序的配列，依照其自然类缘的考察，使之互相接近；使之表示与邻接的种之间其差异仅为极微的；这些种都互有关连、不分彼此，殆能融合为一，足以用言语说明其间区别之小；像这些决定的手段，今日都没有找到。

只有在种的决定上作长期专心研究而且观察过丰富的搜集物的人，才知道生物中的种，其相互融合是到了如何程度；也只有这些人，才能够确言在观察到的孤立的种之部份中，其种之所以成为孤立，不过是因为与该种相邻接的诸种在今日尚未被我们搜集而付诸阙如的缘故。

虽然这么说，著者却并不愿遽断今日存在的诸动物，形成着非常单纯、到处互有关连的一顺列（série）；著者所欲言的是：动物形成着树枝状的顺列（série rameuse），其阶段为不规则的，各部却未尝有连续的缺陷；换言之，虽因若干的种已经消失，看起来似乎确有缺陷之处，但这些缺陷决非恒常存在。结果，位于一般顺列之各树枝末端的种，至少有一部份是与该种相关连之其他邻接种相连的。以上所述，是著者根据熟悉的诸生物之状态而得到证明的事。

因此著者不需要任何假说，也不需要任何观念，凡是观察自然生成物的博物学者，都可以请他作这件事的证人。

这样的情形，不仅多数之属为然；全体的目乃至有时候纲的本身，也表示着著者所指示之生物顺序的各部份。

如果把种施以顺列的配置，使一切的种都根据自然的类缘而被编于适当的位置中，则从中选出某一种，又自该种逾越若干种而于某段距离之末选出另一种，加以比较，这时两个种就表示着很大的诸差异。于是我们可于我们能力所及的范围之内，把自然的诸生成物开始观察起来，这时候，属及种的区别，也极容易设定了。但是在现在那样搜集物极丰富的时代中，于上述的顺列里，若逐个从最初选出的一种开始看去，而至于与最初选出的一种极相异的第二种，就会不自觉的忽略了相互间值得注意的区别，觉得相互间的推移似无若何痕迹那样的，一起看到第二个种。

我这样想：在富于经验的动物学者或植物学者之中，对于上述的事，不是尚有不彻底明了的人么？

各目中的水螅类或辐射对称类、蠕虫类，其中尤以蝶类（papillon）、尺蠖蛾类（phalène）、地蚕蛾类（noctuelle）、谷蛾类（teigne）、家蝇类（mouche）、姬蜂类（ichneumon）、象鼻虫类（charanson）、天牛类（capricorne）、金龟子类（scarabé）、花潜类（cétoine）等等的单独的属，其间含有相互邻接、关连、推移而融合之多数的种，在今日，不是能于已知之昆虫类的大群中以任何方法研究其种而加以稳固坚强的决定么？

在软体动物中，超乎我们区别的手段以上的、为我们所不能胜任应付的贝类之群，在一切的国里，在一切的海里，不是有许多是我们所未知的么？如果更从鱼类、爬虫类、鸟类乃至哺乳类来看，也可以看到非填满不可的间隙及到处邻接之种或属的相互连结、推移、融合的情形；纵欲加以正确的区别，也会感到茫无头绪、无从着手之苦。

把植物构成另一顺列的植物学，在各种部份中，也表示着与上述完全类似的状态。

事实上，在对薛苔类（lichen）、鹿角菜类（fucus）、莎草类（carex）、莓系类（poa）、胡椒类（piper）、大戟类（euphorbia）、石南类（erica）、柳叶蒲公英类（hieracium）、茄类（solanum）、牻牛儿类（geranium）、含羞草类（mimosa）等等之属作种的研究或决定之际，每个人都感到极大的困难。

当此等属在形成的时候，不过是少数已知的种，因此要把这些种加以区别，并非难事。可是在一切间隙几乎都已填满的今日，种别的差异就必然的微细起来，而且在种最多的地方，简直不能充分判别。

确切证实了上述的情形之后，我们对于发生这种情形的原因如何，自然对这种情形的手段如何，以及观察之在这方面是否能够引起我们注意等问题来加以研究。

许多的事实告诉我们，种的某一个体发生位置、气候、生存方式或习性的改变时，同时此等个体因受改变的影响，其各部份的大部或比例的一部之形态、能力乃至体制，也逐渐发生改变，一切的生物，都是这样的跟着时序的推移，各部份在我们不能觉察之中变化着。

虽是同一的气候，若栖息地及土地约束有显著的差异，则最初虽不过单独的使在某一状态下的个体发生变异，但如该个体在同一环境约束中继续生活、继续生殖，个体的某部份或各部份继续发生差异，则此等个体就会与时间的经过一同带来了生存上本质的诸变化；这些变化在继续累积于多数世代之后，原来属于某种的此等个体，最后就改变而成与原种相异的新种了。

例如某种禾本草或湿地中野生之某植物的种子，偶因某种缘故，移迁至原来生活地附近之丘陵的倾斜面上，该处土地虽较原地为高，但仍有使该种植物足以维持其生存的充分湿气。于是该种植物即在丘陵的倾斜面上完成其发育，而且继续了多数世代；以后，就渐渐的拓展至山地的干处或几乎为不毛的倾斜地带。这时候，若该种植物能于该处维持其生存，或能于数代之间继续营其生活，则该种植物当然发生了显著的变化。假如有一个采集该种植物的植物学者行至该处，恐怕就会将该种植物隶属于特殊的种里去吧！

累积世代维持不变，存在于与自然同样古的同一状态中之类似个体的一群，这是包括于所谓种的名称下的观念。在这个观念中，还必须加入一点，就是同一种的个体于其生殖行为之际，不能与异种的个体交尾。

不幸，这个考察却并没有何等根据。从来就有许多人想根据观察而加以证明，但直到今日，这一点还在努力之中。因为植物中之极普通的交配种以及动物中两者迥异之种间屡见的交尾，对于此等不变的种之间的界限，表示着并不如世人所设想的那样坚实的程度。

就事实来说，此等特殊交尾的结果，往往不会产生新的个体；即两者差异显著的种，也是如此。而且由这种情形产生出来的个体，一般又缺乏繁殖力。但如两者之间差异并不甚大，就没有上述的缺陷，这是大家已经知道的事。在这种情形中，就极能渐渐创造出变种，于是成为亚种（race），待经过相当世代之后，我们又加上了种的名称。

种的形成观念，为了要判断是否有何等现实的根据，著者当将前述的诸考察加以重述。约言之，我们应注意有下述数项：

一、地球上一切的有机体，为自然于长时期中逐渐造成之自然的整个生成物。

二、自然所进行的途程中，最初形成最单纯的有机体；直至今日，尚在随时作同样的反复工程。自然所直接形成的东西，在体制上均限于最初的素描（skètch），故得以自然生成（générations spontanées）的名称表示之。

三、动物及植物之最初的素描型，是在适宜的场所及环境约束中形成的，新赋得之生命能力及被决定的有机运动诸能力，必然的会使诸器官渐次发达，且与时俱进而形成多样的器官及各部份。

四、有机体各局部的发育能力，是与生俱来的；这种能力能使之发生个体的繁殖及生殖上之多样方式；因此在体制之组成及形态上所获得的进步和各部份的多样性，得以维持继续。

五、现存的一切生物，由于充分时间中受必然之良好环境约束以及地表各处状态之继续影响而得的变化，换句话说，即由于新的环境约束和新的习性使惠及生命的器官得到更正的能力，致在不知不觉之间，形成如我们今日所见的形态。

六、最后，生物仍以这样的顺序在各自之体制及诸部份的状态中，发生着各种大小不等的变化；生物中之所谓种，就于不识不知之间而相继形成。这些种的状态，不过具有比较的安定性而已，并不是与自然同古的旧物。

但非难的人也许要这样说："当我们断定自然利用长时期及环境约束之无限变化的帮助而逐渐形成如我们今日所知的许多动物之际，在考察各种动物本能（instinct）上所见之可惊的多样性时，或在考察动物各种技能（industrie）上所表示之各种玄妙时，会不会遇到困难？"

非难的人也许还这样说："断言创造动物技能（如许多实例所示于我们的）有手段、狡智、妙技、警戒、忍耐等多样性的是自然，而且唯自然才能创造，这样的主张，有贯彻的勇气么？关于这一点，我们为易于理解起见，只就昆虫类的一纲加以观察，不是足以证实自然之力的限度不能单独发生这许多玄妙的技能么？在最顽固的哲学者之前，要说明这许多可惊的生物之存在，只以万物的至高创造者的意志作为必要原因，不是还嫌不够么？"

当然，如果想把万物创造者的力施以限量，不能不说是冯河之勇或全然狂妄的举动；但是，无论谁却不敢因此即断言为：自然本身所欲创造的，显示于我们眼前的生物自然之无限的力却不欲如此的。

如上所述，若自然我行我素，创造上述一切的惊异，制成体制、生命乃至感觉，使一切生物维持其生存或转移；在我们不能测知的界限内，增加有机体的诸器官、诸能力且使之具多种式样；在动物方面，由于必要（besoin）即形成决定习性、指导习性及一切行为的源泉之必要，创造了下自最单纯的动物上至具有本能、技能乃至理性（raisonnement）的动物之一切能力。这样看来，则在自然的力之中，换言之，在现存万物的次序之中，是否还否认自然之要有这种能力是至高创造者意志的结果呢？

如果把上述的话承认为发生万物的第一原因，则自然力之伟大性固为著者所叹服，但这个原因之意志的多数行为，较诸一切的特殊创造、一切的发达与完成、一切的破坏与一切的更新；略言之，凡于一切存在物之内部的全般变更，连它们的枝节在内，一切已成的以及尚在连续进行中的所有工作，似乎力量还嫌不够。

对于自然之有创造使我们叹赏的万物之必要诸手段及能力，著者还希望加以证明。

但是，非难者也许更有不同的意见，认为我们观察到的一切生物，其生物体之状态是保持着不变的恒定性的；而且历史告诉我们，凡我们所知的一切动物，二三千年以来常是同一的，于器官的完成程度及各部的形态上，既不曾失去什么，也未尝增加什么。

这种表面的安定性，自古以来，一向被采作事实上的真理；且圣伊莱尔在其关于从埃及带来博物学上之搜集的报告中，还曾在这一点上欲加以特殊诸证。报告者们叙述着如下的意见：

第一，这次搜集，具有所谓包含各世纪动物的特征。每个人希望能在这上面探知远古以来与岁月之推移相共、在种的形态上是否有什么改变。这个问题，虽然在外观上似不足道，在地球的历史上，这与人们尊信之最重大诸对象不是没有关系的。而且，若这个问题先得了解决，在无数其他问题的解决上，就可以得到很大的帮助。

在今日，我们对于这个问题，就应该注意之多数的种及其他数千的种上来说，未尝没有解决的能力。古代埃及人有一种迷信，以为把自己历史的纪念物遗留于后代，是自然昭示他应做的事。

报告者们还继续说：

二三千年以前，在底比斯（Thèbes）和孟斐斯（Memphis）地方，至今还保存着祭司祭坛上的动物，甚至一小骨、一毛的状态，也还可以完全认识，真出乎我们意料之外。但在此处，我们不必再对从这个比较而生的一切观念继续讨论；读者只要知道圣伊莱尔搜集的动物是与今日现存的动物完全相同的，那就够了。①

虽然，著者对于此等动物与今日生存之同种的个体完全类似这一点，也未尝不信。例如二三千年以前为埃及人所崇拜而熏香

①［原注］《博物馆年报》（*Annales du Muséum d'Hist. Natur*），Vol. 1, pp. 235–236。

的鸟类，与今日生存于该处的鸟类，还是完全相同的。

假如事实上并不如此，那才的确奇妙得不可思议。因为埃及的位置和气候，现在和过去并不曾有什么改变；生存于该处的鸟类，既然处于与往昔同一的环境约束内，其习性的变化理该受同样的强制。

而且鸟类是非常会移动的，因它们能够选择适于自己的场所，故它们受环境变化的支配，也较其他诸动物为少；结果，它们在习性上所受的阻害，当然也同时少了。这一点，大概不致有不能理解的人吧。

在最近所报告的观察中，实际上其主题与著者所述诸考察相扦格的地方以及对著者记述中之动物是永恒存在于自然界里的证明，都是毫无存在根据的。这个观察，只不过把此等动物栖息于二三千年以前之埃及一事，加以证实而已。有某种省察习惯同时又有把自然示于我们之往古遗物观察习惯的人，都会很容易的判定，在自然的关系上，所谓二三千年期间的价值究有多少。

因为世人一般都把身外的事和自己作相对的判断，以致自然界诸物之表面上的安定性（stabilité），为大众所承认而确信其为真实的了。

对于这一点，在仅从自己本身所见到的变化而下判断的人看来，此等变更的期间是静止状态（états stationnaires）的；这个期间，因为人类之种的个体存在期间之短，看来就显出无际限的长。而且，人类诸观察的总量以及得以记录之各种事实的记载，都不出数千年以上，虽然这期间若与地球表面经过各大变化的时间对比起来，显出非常的短，但与和人类的关系相比，却已是非常长了；因此，一般的人就以为人类所住之行星上的万物是安定的，把堆积于周围的或埋葬于地下的遗物之所示于我们的各种特征，置弃不顾。

空间与时间的大小，原是相对的。这个真理，希望读者能够透彻理解。如果能理解这一点，那末对于自然界观察到诸物的状态之有安定性的话，也许就会保留起来，不敢遽而断定吧？①

个体之被强制变更习性或被强制加入某种新习性，是于不识不知之间进行着的；明白了这种种的变化以及个体所受的变更，则我们就会知道，若要探知此等变化，我们的观察仅包括极短期间的考察是不够的。因为在这样归纳的结论之外，其余许多岁月以来搜集所得的无数事实，对于原来所检讨的问题，将充分证明其不确定。而今日我们从诸观察所得到的知识，也因其充分进步而不许对欲求解决的问题任其置诸不明，这是可断言的。

我们已从事实上知道异常受精（fécondations hétéroclites）之诸影响及结果，此外，今日在动物之栖息地、习性、生活方式上被强制被持续的变化，在充分的时期以后，从其状态上也可确实知道个体之起着非常显著的变更。

如果把自由生活于平原上于该处作急速度的驰驱成了习性之小动物，闭禁于畜舍之小房或厩舍中；如果把为了自身的必要不

---

① ［原注］参照《关于生物体之诸研究》，补遗（Recherches sur les Corps vivants, l'appendice），p. 141。

绝的在大气中作远距离飞翔之鸟类，闭禁于鸟笼或鸟房中；则经过相当长的时期，他们都会起显著的变化；这种变化尤其在此等动物加入新的习性之状态中或累积数个世代之后，更为明显。

这时，前者的身躯减轻，失去大部份的敏活性；全体轮廓肥大，四肢之力及韧性均减退，所有的一切能力，与最初之情形大异。后者体驱加重，殆已忘却最初飞翔的事，各部份都增加了多量的肉。

在本书第一部第六章[①]中，著者还要根据大众所周知的事实，对于环境约束（circonstances）之诸变化予动物以新的必要：施行新行为的力、反复的新行为（actions）诱发新习性（habitudes）及新倾向（penchants）的力，以及某器官之大小频数使用使该器官发生强壮、发达、增大或使其纤弱、瘦削、减小等变化的力，加以证明。

植物方面，新的环境约束对于生活方式及其诸部份状态的结果，也可见到与动物方面同样的情形。所以在自古以来我们所栽植的植物上面，我们虽然看到了它们所发生的许多莫大的变化，也不当惊诧。

所以自然之于生物，正如著者所述，不过昭示我们与累积世代互相继续之上代相同的个体而已；生物上之种，不过仅有相对的恒定性而已；不过在某一时期中是不变的而已。

但是，为了要易于明白多数相异对象之研究，在栖息地之

———————

① ［译注］为第七章之误。

环境约束不致使习性、特性及形态起变化的限度内，把累积世代继续同一状态一切类似个体之集团予以种的名称，是有益的事。

所谓已经消失的种

在著者看来，这里还有一个问题，尚待解决。就是：自然为确保种或种族而采取的手段，在其全种类今日已陷于灭亡或消失这一点上，是因为手段的不充分呢，还是另有缘故？

我们所看到的埋于多处相异地方之土地中的化石遗骸，当然是过去曾经存在过的种种动物群的残骸；可是在这些动物中，与我们今日所知现存动物完全相同的或类似的动物，为数极少。

这样看来，在化石状态中所见到的种，即在生存个体或与生存个体完全类似之个体上为我们所丝毫不认识的种，是否可以用自然界中最初并不存在及没有何等根据的理由作结论呢？我们要知道：在地球的表面上，还存在着许多未曾为我们所踏过的地域。许多为具有观察能力的人们轻易忽略过的地域，许多像海底部份那样的我们要认识该处动物而苦无方法的其他许多地域。这许多地方，也许隐藏着许多我们所不知的种。

若实际上果有消失的种，则其消失的必定仅为栖息于地球之陆地部份的大动物。在陆地上，有些种或个体，由于人类发挥其绝对的优越性，既不喜将它们保存，也不愿将它们置于强制的饲育之下，卒至于全部灭亡。关于这一点，居维叶

氏之貘马（Palaeoterium）①、无防兽（Anoploterium）②、大暗兽
（Megalonix）③、大地懒（Megatherium）④、乳齿象（Mastodon）诸属
的动物或已知之属的其他若干种，都足以证明自然界中早已不存
在之可能性。但是，这里之所谓不存在，也不过是单一的可能性
而已。

除此而外，水中（尤为海水中）生活的动物及栖息于陆上、
呼吸空气、体躯较小的种类，其一切的种就不致遭人类的毒手而
灭亡。此等动物的繁殖极为旺盛，而为了逃避被捕捉或被诱入陷
阱，它们又有许多的方法足以保护自身；人类要灭亡此等动物之
任何一种的全体，总是不可能的。

所以，有被人类之力灭亡之忧的，仅是陆息的大动物。这样
的事实，固然有发生的可能，可是尚未作完全的证实。

过去存在的多数动物，在被发现的化石遗骸中，其间有与现
存动物完全同样的类似动物，虽未为我们知悉，为数却非常之

----

① ［校注］现多译作"古兽马"（Palaeoterium），又名古兽，是一属已
灭绝的原始奇蹄目动物。居维叶原先认为它们是一类貘，故它们一般都被描
绘成一种细小的貘。近年就其头颅骨的研究发现它们的鼻腔并非用来支撑鼻
子，故开始将它们描绘成更像马的动物。解剖学研究亦发现古兽马，连同其
他古兽马科的属，包括始祖马，与马是近亲。

② ［校注］无防兽（Anoplotherium）是一属已灭绝的有蹄类。它们生
存于始新世晚期至渐新世早期，其化石最初于巴黎发现。

③ ［校注］现多译作"巨爪地懒"，是中新世晚期至更新世晚期一属已
灭绝的地懒。

④ ［校注］大地懒（Megatherium）是一种巨大的动物，属于异关节总
目披毛亚目树懒亚目下的大地懒属的物种，见于上新世早期至更新世晚期的中
美洲和南美洲。居维叶最早整理出大地懒的外貌及与现今种类的亲缘关系。

多。此等动物的大部份，是有贝壳的软体动物，以致此等动物今日留于我们手中的，仅为其贝壳。

然则此等多数的化石贝壳，我们从已有的见解来判断，是否就可以因其显现着使我们不能设想为与已知邻接种相类似之动物的差异，马上断定此等贝壳是属于实际上已经消失之种的呢？而且，既然此等贝类非人类之力所能灭亡，为什么又会消失呢？相反的，上述的化石个体，是否具有属于虽尚存在于今日、因当时发生变化、而以后发生与今日该种相邻接之现存种的这一种之可能性呢？后述的诸考察及揭示于本书中之我们的观察，把这个推想置于与真实非常切近的地位。

一般明达之士，都知道地球表面的一切生物，无论那一种都不能恒定的保持同一状态。地表上的万物，因其万物本身的性质与环境约束之故，都在发生着各种缓急不同的诸变化。隆起的高地，由于太阳、雨水之相互作用及其他原因，不绝的在改低着；从该处流下来的一切都移运至低洼的地方。甚至如溪流河川的底部乃至海洋的底部，也在变更着它们的形状和深度；于不识不知之间，移动着它们的位置。换言之，地面上的万物都在改变着它们的位置、形态、性质和外观，连地表上各处地方的气候，也是同样的不安定。

然则从环境约束而起的诸变更，当如著者于下文所述，对于生物尤其对于动物，会使它的习性及生存方式发生变化；而此等变化，若能影响至生物之诸器官与诸部份的形态而使之发生变更或发达，则于不知不觉之间，生物在其整个的组织上，尤其是它的形态或外部的诸特性也应发生变更。不过这种变更，须经一段极长的时间之后始得逐渐显现，这一点必须明白。

因此，地球陆地上到处可见之存在于往昔的多数动物遗骸的化石，纵然在今日为我们所认识的现存类似动物是非常之少，也是不足怪异的了。

反之，使我们吃惊的，倒是那些在生存于过去之多数动物之化石遗骸中竟有与尚存在于今日的、为我们所知的动物相类似之若干动物。它们受到此等遭遇，究竟该作怎样的解释呢？原来在我们搜集化石而加以实证这件事上，应该知道那些与现存动物相类似的动物化石遗骸，其化石的历史在所有化石中是最短的一部份。这些个体所属的种，其形态上之某部份的变化，在当时一定还不足充分的时间。

有些博物家，他们不承认大多数动物是跟着时序的推移而起着诸变化的事，在说明关于观察到之化石及地表诸点上所认得之变动的诸事实时，就以为过去地球曾发生过全世界的灾变（catastrophe universelle），据此而假想地球曾有沧海桑田的变化；存在于往昔的种，大部份就是灭亡于那次变化中的。

这个解说，在要说明不能探得原因的自然界现象之际，固然是脱却困难的好办法；但可惜这不过是根据想象的说法，没有实证可资凭借的。

由地震、火山等特殊原因而起之局部的灾变（catastrophes locales），当然是可信的；受到这种灾变的各地方，其因此而起的混乱，也是可以实地观察的，并不是无稽的事。

但是，我们既已十分明了自然界的演进过程，已有他种原因足以说明地表上各部份观察到的一切事实，何苦还要假想那毫无根据之全世界的灾变呢?

假使一方面会想到在自然所做的一切事情中，不会突然造成任何事物的，是到处以缓速度、连续阶段的作用而进行着的；他方面会想到混乱变动、转变以及其他特殊或局部的诸因足以说明在地表上观察到的一切事物，同时，这些事物是支配于这些法则及一般的过程之下的；那末，所谓全世界的灾变使一切倾覆甚至破坏自然诸操作的大部份的假想，实在是一些也不必要的了。

对于上述在理解上没有任何困难的题材，只须著者上述的话，已能充分明白。以下，我们把动物的一般性及其根本的特性来加以一番考察。

第四章　关于动物之一般的见解

　　动物的行动若不受刺戟运动，不会实现，乃由外来的运动或冲动而起。刺戟反应为动物一般的特性，亦即动物行动的根原，唯此种特性仅限于动物。所谓动物有感觉、意志可使动物有行动的能力故动物有行为的话，并不真实。

　　如果一般的考察起来，所谓动物，实在是具有固有的许多能力而非常特异的生物；同时，这种生物还具有极高程度之研究和感叹的价值。此等在形态上、体制上、能力上具有无限变化的生物，虽然没有传导运动的冲动，但由于其感受性的刺戟源（cause excitatrice），就能发生运动或使生物体的一部份起运动。这种刺戟源，在某种生物体上是由本体内部发生的；而在别的生物体上，却完全位于个体之外。动物大部份具有改变场所的能力，这种能力在具有感受力的诸部份，尤为具备。

　　动物在移动之际，可以观察到各种移动的领域：有的是匍行的、步行的、奔走的或跳跃前进的；有的是飞翔的，能在空中升高，作各种距离的飞行；有的生活于水中，在水中游泳。

　　动物并不像植物那样呈仅于本体附近之处寻觅营养物质的状

态；此外，动物中之以捕食他种动物为生的，因为必须把目的物施以搜索、追踪，最后将其捕获，将目的物果腹，所以非有运动及移动能力不可。

而且，动物中之营有性生殖而繁殖其子嗣的，因各个体自身并没有充分完全的雌雄同体组织，为了要完成受胎的行为，此等动物就必须具有移行的能力。至于如牡蛎等不能变换场所的动物，环境就有使它们生殖手段改成容易的必要。

这一种动物使本体各部份运动借以变换其场所的能力，因为对于此等动物之保存自身及保存种族极有关系，故获得此种能力，是它们必要的条件。

在第二部中，著者想对此种惊人能力之起源及在动物体上见到更显著的诸能力之起源加以探究；但在这里，且先把动物上容易认识的诸端述之如次：

一、某种动物，由于刺戟其刺戟感受性的结果而开始运动或移动其诸局部，但并不表示何种感觉，不具某种意志。此等动物为最不完全的动物。

二、其他动物，由于刺戟其刺戟感受性的结果，除诸局部能运动外，且能感觉，具有本身存在之内在的而极漠然的感觉能力。但此等动物，仅能因对方诱引倾向之内在的冲动而运动，故其意志恒为从属的、被动的。

三、更有其他动物，由于刺戟其刺戟感受性的结果，就运动其诸局部的某部份以接受感觉；不仅具有内在的感觉，而且还形成混乱的观念，由决定的意志出发而行动。但是这种意志，限于特殊的某方面而为诱引的倾向所支配。

四、最后还有别的动物，具有较高程度的上述各能力，而且对于触发其感觉或惹起其注意的对方，形成明了或确实的观念，在某种程度中，有把此等观念施以比较、结合而由此引出判断及复合观念的能力。略言之，它们能思考、能使其行为起大小的变化，具有保持颇自由之意志的能力。

在生命最不完全的动物中，不具运动上的能（énergie）；完成其生活运动的，唯依仗充分的刺戟感受性（irritabilité）而已。但随着体制之渐趋复杂，生活的能就须同时增大；为了要满足生活运动上必要活动力，自然就势必进至增加此等手段的必要界限。因此，自然就在循环系统的设立上以肌肉作用使体液的运动起加速的现象。故其加速的程度，与肌肉力的增大是成正比的。而且因为无论那种肌肉作用都不能避免对于神经的影响，故后者之活动体的加速，就到处成为必要的了。

于是，自然在不充分的刺戟感受性上，就追加以肌肉作用及神经的影响。但是，操纵肌肉运动的神经影响，决不因感觉而起。这一点，著者拟在第二部中予以详述；在这里，打算把感觉性虽在最完全的动物中对于生活运动也非必要的事，加以证述。

现存的各种动物要在相互间作明了的区别，不单须根据它的外部形态、体躯的构成、身长以及其他物质，并且还须根据此等动物具有的各种能力。虽然，某种动物（即如最不完全的动物）在这方面呈现着最贫弱的状态，除生命上固有的能力之外，一无所有，仅能因外部的力而作渐缓的运动；但反之，在他种动物，其能力却累加的增多着，而且有更显著的诸能力；在最完全的动物上，甚至有使我们忍不住加以叹赏的一群能力。

此等可惊的事实，若明白了下述的文字，就觉毫不足怪。即若最先认定动物所获得的各能力是产生此等能力的特殊器官或一系器官之结果；其次明白自不具何等特殊器官因而除生命上固有能力之外一无其他能力之最不完全的动物开始，至最完全、最富于能力的动物为止，动物的体制是一层进一层的复杂着，一切的器官从最简单的直至最复杂的，沿动物的诸阶段普遍而顺次的发生着；复次，若知悉由于此等动物所受的变化，连续的臻至完全，而为了要适应其所属体制的状态而且表示最完全动物，其器官积集着最复杂的体制，故结果产生了最多数、最显著的能力；那末，上述的可惊事实，就会不觉稀罕了。

各动物内部体制的考察、横亘动物阶段全局之该体制所示各种式样的考察以及各种特殊器官的考察，在动物的研究上，实为应集中我们注意之一切考察中的最主要部份。

如果对认为自然生成物的动物，因其有运动能力，当作可惊的、特异的生物，则动物中之大多数，因都有感觉能力，就应该认为更可惊更特异的生物了。

最不完全的动物，运动能力非常之小，且为全然非意志的能力，只不过因外来的刺戟而反应之而已；及动物渐进至于完全；其本体的内部就有产生运动能力的源泉，终于，该种能力被支配于意志之下，同样的，感觉能力之在动物体内，最初也是非常漠然的，而且非常的少；及后，此种能力作累进的发达，而臻至主要的发达，卒成为构成智能的诸能力而为动物所有。

事实上，最完全的动物，具有单纯观念，也有复合观念，还有感情、记忆，能作梦即观念乃至思考所及之事物作不经意之再现，能受某种程度的教育。自然之力的结果，不是足以令人惊叹么？

生物之能不因传导之力的冲动而运动，能认知外界事物，能把个体所受的印象与从其他事物上所受的印象加以比较而形成观念，能把此等观念比较、结合，造成对该个体为其他系统观念的判断，略言之，生物之有思想能力，不单是自然力所造成之一切惊异中最大的成功，而且因为这些工程无一不是逐级造成的，实为化费莫大时间的确证。

自然之能把动物体制造成如今日最完全动物体上所见那样复杂发达的程度，这两项条件大概是必要的：即比我们平时计算上所谓长的时期当然为更长的时间，及与时间相继而起的环境约束之非常变化。若组成地球外壳之各种多数地层的考察，得以证明地球之为极古的东西已无异论余地；又若因地球在历史上到处残留之遗物而得证实之虽系缓慢而为连续的海底移动①的考察，更得以证明地球之古实为我们所不能知；那末，把到达最完全动物体制之完成程度的考察，就无妨设想为协力将该真理作最大程度之阐明的手段。

但因为要把这个新的证明之根基建筑坚固，似有把关于体制

---

① ［原注］参见《海洋地质学》（*Hydrogeologie*）41 页及以下。

进步各方面作最大程度之阐明的必要；若可能的话，还有把此等进步之现实性加以证实的必要；又为了要搜集关于这方面最准确的诸事实，说明自然赋一切生成物以生命的事，当然还有把所有的诸手段加以认识的必要。

现在，当一般述及组成各界的生物时，就把这些生物表示于所谓自然的生成物（productions de la nature）一般的名称之下；这虽为一般所采用，但可以指摘其所表示的似无何等确实观念。特殊起源①的臆测，足以阻止下述的认识：即自然赋各种生物以生命，使具有生命的生物种类起缓慢而不绝的变化，它有把我们今日所观察到的一般次序到处维持的能力和一切的手段。

我们在这个大问题上，为了要远离任何私见，避免想象力的一切错误，希望到处寻求自然行为本身的一切。

为欲把现存动物之全体加以思考和总括，为欲把此等动物置于容易捕捉的见地之下，不妨回想起往昔博物家把我们所能观察的自然生成物全体区分成所谓动物界（règne animal）、植物界（règne végétal）及矿物界（règne minéral）三界的事。三界的每一界，包含着有显著差异之起源物，因这个区分，在同一线上得以把各个自然生成物作相互的比较。

很早以前，著者曾用过与上述不同的第一次区分法，觉得更为便利。理由是因为这种区分在把作为对象之生物总体一般的认识上，更为适当。其法即把包含于上述三界的一切自然生成物，

---

① ［译注］指每种生物各有其起源。

区分为如下两个主要部门：

一、有生命的有机体（corps organisés vivants）

二、无生命的无机体（corps bruts et sans vie）

动物或植物，属于自然生成物的第一部门。此等生物，均如一般所周知的那样具有营养、发达及生殖的能力，不能避免必然的死亡的。

但是下述的事情，因为得以信认的假定不能使人相信，就不如普通生物之为人熟悉。这就是生物器官的作用及能力和个体内部有机运动所起变化的结果而形成自身固有的物质及分泌物质的事。① 而且更有一般所未知的事，即：此等生物因其残废物的作用，能发生一切无机性的组成物质，即我们所认为可作原料者。此等物质的各个种类，由于所在地的环境约束影响，于不识不知之间，逐渐变化着、增加着，自复杂而日益趋于单纯；等到过了一段极长时间之后，构成这些物质的诸要素就完全解离了。

组成自然生成物之第二部门的，或为固体，或为液体，都是没有生命的原料物质，大部份为矿物。

在此等原料物质与生物之间，可说有一种极大的间隙存在着；虽然把二者置于同一线上，也不能于其间觅得任何推移的痕迹而把二者连在一起。这种企图，决不会得到什么结果的。

一切已知的生物，可以根据动物和植物的根本诸差异而区分成明了的各有特色的二界。这些生物，虽然表现千变万化的状

① ［原注］《海洋地质学》112页。

态，但著者确信在这两界之间，无论在那一点上决没有真实的推移痕迹，故所谓动物性植物（Zoophite）及植物性动物的生物，在自然界中决不存在。

全体或局部的刺戟感受性，是动物之最普遍的特性。这种特性，较诸意志的运动能力、感觉能力乃至消化食物的能力都远为普遍。但是一切植物，即使不把有感觉的（sensitives）①植物或一被触碰、一经露置空气中即立刻活动其身体之某部份的植物除外，也完全不具刺戟感受性。这件事在他处已有叙述。

正如大家所知，刺戟感受性是动物之诸部份或某部份本质的能力；只要动物是活着，只要具有这种能力的局部在其组织（organisation）中不受何等伤害，其作用是不会停止的。结果，若与异物相接触，则具刺戟感受性部份的全体，就会立刻收缩，而其收缩即与其原因一同停止；该部份的收缩停止后，如新的接触又来，则该部份的收缩即依刺戟的次数反复进行。像这样的情形，在植物的任何部份都不曾被人观察到过。

若用手触含羞草（Minosapudica）伸展的小枝（rameaux），就可以看到该小枝并不收缩，而在被触之小枝与叶柄间的关节部，忽然弛缓下来，于是小枝和叶柄，就现出凋萎的样子，连小叶也都互相重合起来，呈着垂下的状态。这种垂下状态一经呈现，虽再触该植物的小枝或叶，也不会有什么效果。原来含羞草小枝和叶的关节部之能弛缓，原因是在此等部份本来是伸展着的；若一

––––––––

① ［译注］法语sensitive之另一义为含羞草。

再接触或轻轻的碰它，欲使其反复表现垂下状态，除非是非常热的天气，都必须经过一段相当长的时间。

著者对于这种现象，不能看到与刺戟感受性有什么类缘。但植物在生育期间，尤其是在温度高的时候，因为植物体内的弹张性液体（fiuides élastiques）发生很多，其一部份就不断的蒸发；在豆科植物中，此等弹张性液体在蒸发之前，多蓄积于叶的关节部中，因此能使这些关节部紧张，叶和小叶扩展。

可是一到夜里，豆科植物中的弹张性液体就作缓慢的消失，而含羞草则只须轻轻的一触，其中的液体就会立刻消失。于是我们对于豆科植物全般以为是植物在发生睡眠（sommeil）现象；而对于含羞草，就误以为是基于刺戟感受性而发生的现象了。[1]

从著者在后段所述的诸观察及其所引得的结论来看，所谓一切动物都具备着发生意志的行为（actes de volonté）的力，故均为具有自由运动能力的有感受性生物这句话，并不是普遍的真实情形；因此，以前为区别植物而对动物所给的定义，自然也并不完全确当。在这里，著者实有提示代替上述定义而最与真理相一

[1]［原注］著者在另一著述《植物志》(*Histoire naturelle des vegetaux*, ed. Deterville，上卷，202页)中，有关于舞草（Hedysarum girans）、捕蝇草（Dinoea muscipula）等植物，小檗属（Berberis）及其他在花之雄蕊上所见到之若干类似现象的叙述。大意谓温度高的时候，在若干植物之各部上所见到的特异运动，决非该局部任何纤维发生本质的、实际的刺戟感受性之结果；有时为关系水速或热量的作用，有时为某种状态下发生弹力弛缓的结果，有时则为能蒸发的、肉眼不能察得的弹张性液体蓄积于该局部之中，因大小程度不一之急激消失而致该部膨胀或衰缩的结果。

致、最能适切表示组成生物两界之特质的新定义之必要。

动物之定义

动物为：任何时间中具有有刺戟感受性的各部份、能消化近乎全部的营养食物、能因自由或从属的意志之结果而运动、另一部份则能依被刺戟的感受性之结果而运动之具有生命的有机体。

植物之定义

植物为：各部份决不具刺戟感受性、决不能消化、决不会有因意志或真的刺戟感受性而运动的事而具有生命的有机体。

这两个定义，较诸一向所袭用的，远为正确，而且具有根柢。若依照这两个定义，则动物之根据，各部份或某部份有刺戟感受性、此等部份能因此而运动或因外来原因而由刺戟感受性发生作用的结果而运动诸点，而能与植物作明了之区别的事，就可以明白了。

固然，把上述的新观念仅由单纯的叙述而欲使人承认是不无困难的；但据著者的推想，如果读者能把全书中著者所述的许多事实及关于上述各端之著者的诸考察赐以考虑，不以成见目之，则对于新定义应置于较旧定义更高位置的事，当不致有异议；因旧定义与一切实际观察所得的事项作显明的背离，故著者毅然让新定义取旧定义而代之。

在上述一般的见解告终之际，著者尚欲提出二个颇足珍视的考察：其一为栖息于地球表面及表面水中动物之极度多数的事；

另一个为动物之数虽多，自然为欲保存、维持一切所发生的动物之一般次序，使之不受阻障而所施的许多手段。

在生物的两界中，动物的数目远较其他生物为多，而且富于变化。同时，在动物界的体制上，也显示着许多极值得赞叹的现象。

地球的表面、水中，甚至可说到空中，猬集着无限数量的动物；这些动物的种类，因为式样极多，而数目又无限，因此有人以为其中的大部份恐永不会为我们所研究到，似是真实的事。而且，河海之非常辽阔，许多河海之非常深邃，以及最小种动物之极强的自然繁殖力，也不得不令人想到这些都无疑的为我们对于这方面知识进步上不能征服的障碍。

单是无脊椎动物中的一纲，例如昆虫纲，其所属动物数之多样性，即足与植物界全体相匹敌；所谓水螅类之纲的动物数，其繁伙较昆虫纲尤远过之，也似为真实的事。自负能尽知该纲动物全体的人，大概是没有的。

小的种及特别为最不完全动物之极度繁殖的结果，若一旦自然怠于抑制其增加数决不越出界限之外，则个体的增加将成为该种类的保存及体制进步上所获得之完全程度的存在（略言之，即一般的次序）的阻害，也未可知。

动物是要互相捕食的，例外的仅以植物那样方式而生活的虽然也有，但此等动物，常有被他种肉食动物捕食的危险。

正如一般所知，强的、有武装的动物，常食弱的动物；大种的动物，常食小种的动物。可是同一种类的个体，互相捕食的事却不常有，而是常与其他种类作战的。

小种动物的繁殖力极大，其世代的重复也极速；若自然对它们的繁殖不予以限制，则此等小种动物繁殖的结果，将有使其他动物不能居住于地球上的一天。但在实际上，它们是其他多数动物的食饵，它们的生存期间甚短，而且若温度下降，就会灭亡；因此它们的数量常有一定的限制，俾能使它们所保存的种类与其他动物所保存的永久维持着相当的比例。

至于较大较强的动物，若环境允许它们以过大的比率来繁殖，则它们就能成为支配异己的动物，将呈现妨害其他多数种类之保存的状态。但这些种类是要相互捕食的，繁殖缓慢，且每次生产的幼儿数也很少；故其结果，也维持着它们应存在的一种平衡状态。

最后，唯有人类，若分离了特有的一切动物加以考虑，似有无限繁殖的可能。他们的智能及技能，足以保护自身，使不致因任何动物之食欲而被停止其繁殖。因此，人类之对于其他动物，与其说没有畏惧最大或最强之动物类的必要，毋宁谓他们能行使扫灭此等动物的优越性，使此等动物之个体数常受一定的限制为愈。

但是自然对于人类却赋予许多感情，不幸这些感情又能和他们的智能相并发达，在人类个体之极度繁殖上，安排了一座极大的障壁。

事实上，因为人类在不绝的做着减缩同胞数的工作，故著者可以决然断言：无论到了什么时候，不会有地球上覆载满了能够养活之限度的人口。无论在什么时候，在地球上可以居住的一部份之中若干地方之相当稠密的人口，在被非常稀薄的人口交代着的吧？不过发生此等交代所费的时间，我们是不能计算出来的。

这样，由于自然之巧妙的安排，一切的生物都在被规定的秩序内保存着；而于这个秩序中所见到之不断的变化和更新，也在不能超越的界限内支持着。生物的种类虽有变异，但决不会失去一切存续的、在体制的完成上所获得的诸进步；所有之无秩序、变动、异常等等的事，都不绝的在归附于全体的秩序中，协力帮助秩序的确立。不论何处，不论何时，自然及一切存在物之至高创造者的意志，永在不变初衷的施行着。

现在，在证述从最复杂的动物开始至最简单的动物为止之存在于动物体制上的递降（dégradation）及单纯化（simplification）以前，想先照惯例把动物配类及动物分类的现状和建立此等配类、分类所使用的诸原则检视一下。因为这么一来，我们对于递降现象的诸证就更容易明白了。

第五章　论动物之配类及分类的现象

实际上动物在一个大的集团中，可以配列成一个与其体制复杂性之增加相一致的顺列。各种动物间类缘之认识，因足以排除过去谬误独断的观念，故为建立动物配类的唯一南针。在配类上应设之纲的分划线数目，须依照体制形式的多寡来决定。现在十四纲的配类，在动物研究上极为便利而明确。

无论为谋动物学理论的进步，无论为达到我们在这里所研究的目的，考察动物之配类（distribution）及分类（classification）的现状，研究其所以成为该种现状的原因，认识在动物之全般配类的设立上应服从那些原则，都是安排此等配类使能表示自然次序本身之最适当的性质所不得不做的事，这些事情，同时又有探究的必要。

但是，为欲从此等考察获得若干的利益，更有先来决定动物之配类及分类的根本目的之必要，因为这两个目的，具有绝然不同的性质。

动物作一般配类（distribution générale）的目的，不仅在获得一个便于参看的目录，尤其要希望这个目录能尽量表示出自然次序本身即自然生成诸动物的步骤，以及附有动物相互间类缘关系之显然特质的自然次序。

动物分类（classification）的目的则与此相反，它的目的在能较易认识已经观察到的各种类动物，把握该类动物对已知之其他动物的类缘，为了将来把我们所发见的新种——配入适当位置的事较易做成，要借助于此等生物全般序列的各处所画出的区划线，以便我们的想象力得到几个休息点。不过这个帮助我们能力不足的手段，虽能使我们的研究和认识得到不少便利，而且在我们对某方面感到不能应付之欠缺时，也必须要使用它，但是著者早已明白说过，这是人为的产物。在外观上，它固然与自然似不无关联，而在实际上却恰与自然相反。

如果能把诸对象之类缘（rapports）作正确的决定，则我们在一般配类上最初之大集团即第五分割的位置、其次之包含于前者大集团中的集团位置、最后之观察所得的种或特殊种类的位置，也当有永久的不变的决定。这（即类缘的认识）就是对于本科学所贡献之不可测知的利益。以上云云，因为都是此等类缘之自然的功绩，无论那个博物学者，决没有改变此等优良认识（指类缘认识）之结果的能力，而且，恐怕连这样的意志也不会有。所以若我们关于组成某界之诸对象的类缘知识愈进步，则一般配类愈臻完全、愈具强制性。

分类（即无论为植物，为动物，在其一般配类中所画成之必要的诸分划线）欲与上面所述的不同。就事实而论，因为多数的动植物尚未为我们观察所及，在我们的配类上，存在着将来必致填满的空隙，于是我们才常以为这些分划线是以自然自身之手所设立的。但是这个幻觉，总不免随着我们观察次数之增加而消失，而且即使在目前，也已经因半世纪来多数生物为博物学者们所发见，至少在小范围内我们已看到它失去立脚点的根据了。

除去这一种因将来必致填满诸空隙之存在而产生的分划线，还有一种我们常因不得已而设的分划线。当博物学者设立这种分划线的时候，若不采用应准绳的若干协议原则，则不免陷于独断，而其结果也就浮动而不稳定。

在动物界中，我们所谓一切的纲应依据体制之特殊形式而包括各种区别后的动物，实为原则之一。把这个原则严格实施，极为容易，只伴有少微的不便而已。

事实上，自然虽没有从某一形式体制突然移入至另一形式体制的事，但在各形式之间设立界限是可能的；位于此等界限附近，呈现着究应属于那一纲之疑问状态的动物，在无论何处，都不多见。

设立分割纲的分划线，通常更为困难；因为通常设立这些线的立足点是重要性极少的诸特质，所以其结果就成为更独断的了。

我们在检讨动物分类的现状之前，先来说明一件事；即：生物的配类，至少是集团的配类，应形成一个顺列（série）而并非表现着网状之分歧状态的。

一切的纲（classes）在动物的配类上应形成一顺列

人类在追踪真理而检讨事实之际，往往在历尽一切的错误之后，始得认识真理的面目；因此在自然的生成物方面，所谓须从类缘的考察才能发见各生物界实际上所形成之真实顺列的状态，也一向被人否定着；无论为动物、为植物，在其一般的配置上，连其中的阶段（échelle）都不想认识。

博物学者们因为注意于把多数的种、若干的属以及若干的科孤立的表现在各本身特质之上的事，所以有些人就以为不论是动物界生物或植物界生物，从其自然的类缘一点看来都恰好像地图或两半球图上之各个的点那样配置着，有的互相接近，有的则互相隔离。于是他们又以为那些被称为自然科（familles naturelles）而非常显著的许多小顺列，应该把它们相互作网状（réticulation）的配置。这种观念，虽然若干的近代学者还以为是完善的，但它的错误实在非常显明，若我们在体制上的知识能得到更深入更一般的了解，尤其是，若我们能把属于栖息地及获得习性之影响的东西与从体制的组成即完成上得到各种大小程度之进步而发生的东西区别开来，则这个观念立刻就会破灭。

著者在这里想要明确叙述的是：自然于长时期中发生一切动物及一切植物之际，在逐渐增加此等生物体制的复杂性上，实际上虽然形成着真实的阶段；但若照自然的类缘把这些对象比较起来，则作为我们认识目的的阶段，在一般的顺列中只不过表示着于主要集团中得以捕捉的阶段差（degrés）而已；而在其余的种及属中，甚至连阶段差也未表示。这一种特殊状态的原因，是因各种动植物种类之栖息环境的极度多样性与动植物体制之增加复杂性没有何等关系的缘故（这件事预备在后面详说）；同时这一种多样性，在形态及外部的性质上，又能使体制复杂之累增不能单独发生那样的异常性或孤立性。

因为上述的缘故，所以构成动物阶段的顺列，根本上只存在于组成该阶段之主要集团的配类上而不存在于种的配类上，至于属，通常也不存在。

因此著者现在所述的顺列，仅能止于决定诸集团的席次；理由是：此等形成纲及大的科之集团，各自包括着具有以主要器官及特殊形式作为根基之体制的生物。

故明确的集团，各自具有主要器官的特殊形式；这种特殊形式，从显示着最高的复杂性动物以迄最单纯的动物，其间作顺次的单纯化，但若把每一器官加以单独的研究，则其单纯化却并不同样的循着正规的步骤，如该器官本身之重要性愈低，愈易因环境约束之影响而变化，则其所循的步骤愈为不规则。

事实上，重要性不多或非为生命本质的诸器官，在其完成上或退降上，相互间并没有什么关联。因此若试一检视某纲一切的种，虽然某种之某器官具有极高程度的完全性，但反之，在同种中也有极贫弱或极不完全的其他器官；而这种器官在另一种中，却又可看到非常完全的。

此等在非根本诸器官的完成上或退降上之不规则的非同样性，就是造成此等器官较其他器官尤易为周围之环境约束影响所左右的原因。由于这种影响，虽也能在形态及最外部部份的状态上酿成类似的非同样性，发生了种之极大而且特异的多样性，这些种和集团相似，形成一种有规则的梯状阶段，但不能使之成唯一的单纯化，不能配列成线状的顺序，有时往往在其所属集团形成侧出枝，而在末端则真实的成为孤立的一点。

若要使体制的每一内部形式发生变化，非有比变更外部器官所需要的更有力之环境约束及更长之时间不可。

但是在必需环境约束的时候，虽然二种形式是相近的，自然却并不以一蹴了之，据著者的观察，它是从某一形式渐变至另一形式的。事实上，自然以这种环境约束之力，从比较单纯的体制使之进步至比较复杂的体制，确是相继形成的。

自然不但以这种能力应用于二类在类缘上相邻接之各别的动物上，使之从某一形式移变至另一形式；即在同一个体中，也真实的作着形式的移变。

以真实的肺脏作为呼吸器官的体制形式，其接近的另一形式，有鳃的更甚于有气管的。如关于鱼类及爬虫类的考察所示，自然不但在邻接的纲与科间自鳃移变至肺脏，即在继续享有两种形式之同一个体的生存期中，也像上述那样的移变着。一般都知道蛙在未完成状态的蝌蚪期中，是以鳃呼吸的；而在完成状态的时期中，即以肺脏呼吸了。无论在什么地方，我们不能见到自然从气管形式移变到肺脏形式的事。

因此与体制之累进的复杂性相一致，又与根据诸类缘考察之对象的配列相一致，在诸集团的配位上为唯一而有阶段的顺列，存在于生物的各界中；而且这个顺列，无论在动物界或植物界，主张在它的前端应安置具有最单纯最低体制的生物，而能力、体制都是最完全的生物应安置于末端这件事，也是很正当的。

可以视为自然之真实次序的，就是像上述那样的次序。又在实际上向我们明示着应以最深之注意去观察及追踪一切自然步骤之特质各点的，也就是像上述那样的次序。

自从我们在自然生成物的配类上感到对诸类缘的考察有加以注意的必要以来，因为我们已不愿再想做安排一般顺列的支配者，就去致力研究自然在诸生物间及相异的各集团间所设的远近诸类缘，同时，我们关于自然之步骤的知识，也就日益进步起来，结果就把我们强制的拉拢到自然次序的旁边去，而且和它结合了。

为欲造成一个一般的配类，在配置诸集团之际，我们须用诸类缘所得的第一结果，就是在自然次序的两端，根据类缘考察及体制考察所得的结论，知道实际上最悬隔的生物，应该表示其为最有显著差异的生物。因此，若次序两端的其中之一表示着最完全的生物即体制最复杂的生物。

在植物的自然分类（méthode naturelle）即根据考察类缘所得之植物的一般配类中，我们今日所确切知道的，只有该次序的一端，只知道隐花植物①可以放在这一端上，另一端不能作同样确

---

① ［校注］隐花植物（Cryptogamia），是指繁殖阶段不形成显著花的植物，因其是通过孢子进行繁殖，故又称孢子植物。林奈将隐花植物分4个目：藻类，苔藓，蕨类和真菌。之后，植物学家对地衣有所研究，使得隐花植物包含五类植物：藻类、真菌类、地衣、苔藓和蕨类。但随着生物学研究的发展，隐花植物下属的真菌已经从植物界中独立出来，单独列为真菌界，而藻类中很多也已划分出植物界，比如蓝藻被划入细菌，地衣也被发现属于共生生物体系，这使得"隐花植物"一词已经不再用于系统分类中，但仍在描述一类植物系群时使用。

切的决定。这个缘故，就在我们关于植物体制的知识，远不及对大多数已知动物之体制的知识那样多。结果，在决定植物之大集团的类缘这件事上，我们至今尚未得到如认识各属间之类缘以及各科间之类缘那样确实的南针。

在动物上，我们已不至于遭遇到同样的困难；一般顺列的两端，已可以作确实的确定。在它们的自然分类上，只要对类缘考察加以相当的注意，就会知道哺乳动物（mammifères）必然的应占该顺列的一端，同时纤毛虫类则应占其另一端。

所以，无论在动物方面或植物方面，都是自然手法的次序，它的存在，是使次序本身存在的力加以万物之至高创造者授于自然的手段所造成的结果。自然本身，原不外是至高创造者于万物中所创造之一般的次序，而且不外是支配着这个次序之一般的及特殊的法则之全体。自然永远继续不停的引用此等手段，孳生一切的生成物而且现在还仍在不绝的孳生着。自然又不绝的把此等生成物变化、更新，结果在各方面都维持着整个的次序。

这个自然次序，在生物的各界中，是达到我们认识目的之必要锁钥；我们在已经承认的科及属中，可以认得该次序的各部份。现在，就来叙述该次序在今日动物界其全体已无如往昔独断余地而被正确决定的事。

但是我们要知道：我们到今日为止所知悉之非常多数的各种动物，以及比较解剖学在此等体制上所投入的那些光明，是给我们解决两件事的手段；一件是终决的决定今日已知一切动物的一般配类，另一件是在此等动物构成的顺列中，指定得以设立之主要部类的确切席次。

上述的一点我们有认知的必要，同时，我们当然还要想到反对方面的困难。

在这里，我们来检视一次动物之一般的配类以及分类的现状。

动物之配类及分类的现状

不论是生物的一般配类或是分类，因为以前在着手研究此等对象之际，没有认清它的目的和原则，所以在我们观念上的这个缺陷，反映在博物学者的各种研究上，有一段颇长的时期。自然科学和其他一切的科学相同，在获得它的根据及制限其研究的诸原则以前，总必须累积长时间的研究。

在生物的各界中，从来不把有重要功用的分类统辖于对分类无损的配类之下；只把诸对象便宜从事，予以任意的安排。因此它的配类，就不免陷于独断。

例如在植物方面，因把握大集团间的类缘非常困难，于是植物学就一向采用人为的方法。这些方法，极便应用根据独断之便宜的分类，于是许多记述者都各自凭一己的想象，任意组成新的分类。这样一来，原来在植物上所设立的配类，换言之，即根据自然分类而形成的配类，就不免常和这些新分类起着矛盾。植物的一般配类之开始进抵于完全之境，还是认识繁殖器官之重要性尤以其中某器官具有较其他器官优越地位以后的事。

　　在动物方面，却并不如是。附有大集团特质之许多一般的类缘，在动物界中是很容易认得的。因此，此等大集团中的若干类缘，于博物学最初形成的初期，就早被认得了。

　　·亚里士多德最初把动物分成两个主要部类，即照他的意见，可以分成如下两纲（classes）：

　　一、有血液的动物（Animaux ayant sang）

　　　　胎生四足类（Quadrupèdes vivipares）

　　　　卵生四足类（Quadrupèdes ovipares）

　　　　鱼类（Poissons）

　　　　鸟类（Oiseaux）

　　二、没有血液的动物（Animaux privés de sang）

　　　　软体类（Mollusques）

　　　　甲壳类（Crustaces）

　　　　介壳类（Testaces）

　　　　昆虫类（Insects）

　　这个把动物分成两大群的第一种区分法，虽是相当好的；但他在设立这些区分时所采用的特性，却是坏的。这位学者把动物主要体液之呈红色的，名之曰血液，而他在第二类的动物上，以为都只有白色或近于白色的体液，就因而立刻把这些动物断定为没有血液的。

　　动物分类的第一次素描，就是如此。这个分法，该是我们所知的一切方法中之最古的了。这个分类是与自然次序逆方向之配类的最初例子。事实上，它虽然极不完全，但我们却能在这上面看到一个从最复杂动物向最单纯动物递进的倾向。

从此以后，在动物的配类上，这个错误的方向就被一般所采用了。这个错误，造成我们对于自然之步骤的知识停滞不进的原因，是很明显的事。

近世的博物学者们，在亚里士多德的第一类动物上，加上有*红色血液的动物*（animaux à sang rouge）的名称；在第二类的动物上，加上有*白色血液的动物*（animaux à sang blanc）的名称；以为这样可以使亚里士多德的区分法完美无瑕了。可是因为在无脊椎动物之中，有红色血液的动物（多数为环节动物类）也有存在；到了今日，这个特质之为有缺陷的东西，已充分的被一般所知悉。

据著者的意见，以为这个液体固然是动物的本质；但若它并不在动脉及静脉管内循环，就不能称之为*血液*。这样的液体是非常低级的，缺少复合性，或诸要素之结合极不完全；故其性质若和具循环作用之液体的性质作同样的看待，是错误的。辐射对称类或水螅类的液体，若可以认为血液，那末植物内也有血液存在的可能了。

1794年（共和政府成立第二年）春，著者在博物馆教授最初的讲义之际，为欲避免一切暧昧或任何假想的考察，曾将已知的动物总体区别为判然的二类。即：

　　　　有脊椎的动物（animaux à vertèbres）

　　　　没有脊椎的动物（animaux sans vertèbres）

同时，著者又令学生们注意下述的事：具有脊椎（colonne vertébrale）的动物，其脊椎表示着与大小完全的骨格相比例之体制的规律；反之，其他动物没有脊椎的，不但与前者有明了的区别，就是此等动物所形成之体制的规律，也表示着与有脊椎动物之体制的规律有极大的差异。

在亚里士多德以后至林奈之间的一段时间中，动物的一般配类未曾发现过值得深切注意的区分法。但在前世纪中，有几位极有能力的博物学者，对于动物中之无脊椎动物，曾做过不少特殊的观察。有的在各种大小的范围中阐明了此等动物之解剖结果，有的发表了正确精细的记述，这些记述都是关于多数动物之变态（métamorphoses）及习性方面的。由于他们各种珍贵的观察，我们才知道了许多极重要的事实。

最后，具有特殊天才为已往最伟大之博物学者的林奈，把这些事实综合起来，在一切阶级特性的决定上，贡献了我们几项极重要的知识；在动物方面，设定了下述的配类。

他把已知的动物以体制之三个阶段或特质为根基，配类成六纲：

林奈所设立之动物的配类：

第一阶段

纲

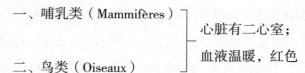

一、哺乳类（Mammifères）

二、鸟类（Oiseaux）

心脏有二心室；

血液温暖，红色

第二阶段

三、两栖类（Amphibies）⎤
　　［爬虫类（Reptiles）］⎬ — 心脏有一室；血液红冷
四、鱼类（Poissons）⎦

第三阶段

五、昆虫类（Insects）⎤
　　　　　　　　　　⎬ — 冷体液（代替血液）
六、蠕虫类（Vers）⎦

　　这个配类，虽然和其他一切的配类相同，是逆行着；但若除去这一点，则其中所示的最初四纲，在今日已被正确的决定；而其一般顺列上的席次，今后在不论何处，恐都能获得动物学者的同意。因此这位著名的瑞典博物学者，正如大家所知，应该被推为最初建立这个配类之功绩的人。

　　上述的配类中，后两纲却并不和前四纲一样，是非常拙劣的配置。这两纲包含着已知动物中之最多数，性质也最多，因此区分的数目，非增多不可。故有改造这两纲而代以新的区分法之必要。

　　林奈及林奈以后的博物学者们，正如上述的配类中所见，对于以冷体液代替血液之诸动物（无脊椎动物）有多设部类的必要这一点，几乎都忽略了；他们对于此等动物所表示之特性及体制的极大多样性，仅把这许多动物配列一二纲即昆虫类及蠕虫类中；把一切不宜视作昆虫的动物，换言之，即不具关节肢的无脊椎动物，都从无例外的配入于蠕虫类中。于是他们把昆虫类置于鱼类之后，又把蠕虫类置于昆虫类之后。因此林奈的配类，蠕虫就成为动物界的最后一纲。

这两纲，在林奈死后出版之《自然分类志》（*Systema naturæ*）的一切版本中，都可以见到同样的次序。可是，虽然在动物的自然次序上，这配类显然的有着根本的缺点，而且林奈的蠕虫类是一种集合着非常无联络的一群之混沌体，为不容否认的事；而因为这位学者的权威，博物学者们都当作坚不可拔的东西，所以谁也没有勇气想去改变一下这怪异的蠕虫类。

著者在最初的讲义中，曾欲于这方面试加有益的改善，将无脊椎动物提示如下的配类，不照上述的二纲而区分为如下次序的五纲：

著者最初讲义中所述之无脊椎动物的配类：

一、软体类（Mollusques）

二、昆虫类（Insects）

三、蠕虫类（Vers）

四、海胆类（Échinodermes）

五、水螅类（Polypes）

当时上述的五纲，虽然是组合了布吕吉埃在蠕虫类之配类中所提示的某目及林奈所规定的昆虫纲而成的，但著者并不曾采用布吕吉埃的配列法。

共和政府成立第三年（1795年），居维叶至巴黎；当时在动物的体制方面，曾引起动物学者们的注意。他对于软体动物在一般顺列中所占的位置应在昆虫类之前这一点，给予了决定的证据。著者对这件事殊感至大的满足。原来这件事在著者的讲义虽早已述及，但其时却未得到首都博物学者们善意的承认。

居维叶以为一向袭用之林奈配类是不正当的，应该照著者的意见加以变更，他把这件事根据最实证的事实加以叙述，使之确立。其实他所叙述事实的一部份，早已为人所知；不过在巴黎却未引起一般人的注意而已。

其次，自从居维叶到了巴黎以后，著者又利用动物学各部份中的知识，尤其是关于他命名为白血动物（animaux à sang blanc）的无脊椎动物一方面进步的知识，顺次在著者的配类上加入了新的各纲。当时著者所制定的乃是最初的草案，所采用的各类，仍不过逐渐改进至如后节所见的形式而已。

上述的事，在著者们的兴味上，似乎认为它和科学是毫无关系的；同时学习本科科学的人，这样的感觉也有过之而无不及。但其实我们若知道了十五年以来动物分类所受到的变化之历史，并不是无益的事。以下所述的，就是著者当时研究的事迹。

最初，著者为欲加入水母及其邻接的层，曾把海胆类的名称改变为辐射对称类。这一纲原是有用的，而且那些动物的特质，也有设立这一纲的必要；可是虽然如此，却并未为博物学者所采用。

在共和政府成立第七年（1799年）的讲义中，著者设立了甲壳类一纲。当时居维叶在其所著《动物志》（*Tableau des Animaux*）451页中，尚将甲壳类置于昆虫类之中；这一纲虽然根本上具有判然而分的性质，但著者的主张得到若干博物学者同意而加以采用，却还是六七年以后的事。

翌年，即共和政府成立第八年（1800年）的讲义中，著者提示蜘蛛类（arachnides）应作为判别容易且有判别必要之特殊一纲。此等动物诸特性的本质，成为以后此等动物上特殊体制的确实标征。为什么呢？因为与昆虫即经过一切变态、在一生中不作一次以上产卵、仅具二触角二复眼及有关节之六肢脚的动物体制相似的体制，是决不发生变态的；而且除此而外，决不能另行发生表示与昆虫不同之特质的动物。这件事的真实性，其后经观察而得一部份的确认。可是这个蜘蛛纲，在著者讲义以外的一切著述中，却从未被人认识过。

因为居维叶在一向置于蠕虫名称下有极大差异之体制的其他动物及被混同在一起的各种动物中发见了动脉管及静脉管的存在，著者为了要完成分类的事，就立刻引用了这件新事实的考察；在共和政府第十年（1802年）的讲义中，添设了环节动物类的纲。这一纲置于软体类之后，甲壳类之前。因为这个被承认了的体制，有设立这样一纲的必要。

在这个新设的纲中，予以特殊的名称，就可以把一向在蠕虫旧名称之下的、在体制上有与环节动物类区别之必要的动物保留下来。因此，著者把蠕虫类置于昆虫类之后，并把它与辐射对称类及水螅类区别开来，决不许蠕虫类和它们混在一起。

著者之环节动物类的纲，虽然发表于著者的讲义及《关于生物体的各种研究》（*Recherches sur les Corps vivants*）一文中；但在发表后的数年间，并不为博物学者们所承认，直至两年前始被认为有设立的必要。但大家因为主张蠕虫之名并不适当，就擅自改变名称，而对于原来不具神经和循环系统之蠕虫究应如何处置的问题，也就感到了困难。而遇到这样困难的人们，因其体制非常奇异，就把它们归入水螅类的纲中。

最初所设定之完善的分类各部门，其后为其他学者所倾覆，末了又因事物之必然性及力而重加设立，像这样的例子，在自然科学上原是不一而足的。

例如林奈曾把图内福尔①先前所区别之多数的属归纳为一，即如蓼类（Polygonum）、含羞草类（Mimosa）、爵床类（Justicia）、君影草类（Convallaria）及其他多数的属是。可是在今日，植物学者们又把林奈所破坏的各属重新设定起来了。

最后，著者于去岁（1807年的讲义中）在无脊椎动物中设立了新的第十纲即纤毛虫类的纲。这是因为著者充分考察这些不完全动物中已知诸特质的结果觉得把这一部份动物置于水螅类中是很不适当的缘故。

这样，著者随时搜集了由于观察及由于比较解剖学之急激进

---

① ［校注］图内福尔（Joseph Pitton de Tournefort, 1656—1708），法国植物学家，第一个明确区分了属和种的概念。

步而得的事实，相继的设定了构成今日无脊椎动物之著者配类的各种纲。这些纲共有十个，如照惯例以最复杂的体制开始而至单纯的顺序来配置，则如下：

无脊椎动物的各纲

软体类（Mollusques）

蔓足类（Cirrhipèdes）

环节动物类（Annélides）

甲壳类（Crustacés）

蜘蛛类（Arachnides）

昆虫类（Insectes）

蠕虫类（Vers）

辐射对称类（Radiaires）

水螅类（Polypes）

纤毛虫类（Infusoires）

著者打算把上述各纲逐一加以解说，同时还想叙述下列二事：其一是这些纲因为是根据体制考察的，故均为必然的区分；其二是这些区分纵在其界限附近或有二纲间之中间的种类存在的事以及有存在的可能，却已将人为所成的配类中之最适当的方法详细表明无遗。而且就科学的利益本身而论，著者也可以为这些区分已没有否认的理由。

若在这些无脊椎动物的十纲上，再加以脊椎动物方面林奈所设已得一般公认的四纲，则已知之动物总体的分类，可得下列十四纲；现将这十四纲仍照与自然次序相反的顺序揭示如下：

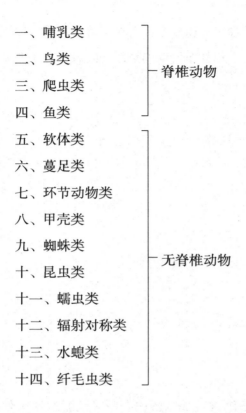

一、哺乳类

二、鸟类

三、爬虫类

四、鱼类

脊椎动物

五、软体类

六、蔓足类

七、环节动物类

八、甲壳类

九、蜘蛛类

十、昆虫类

十一、蠕虫类

十二、辐射对称类

十三、水螅类

十四、纤毛虫类

无脊椎动物

上面所叙述的，是动物之一般配类的现状，动物界中所设立的纲的现状。

在这里，我们又遇到了一个以前从未明白过也从未讨论过而非常重要的问题，这问题是：

区分动物界的一切的纲，固然不论从体制构成的累进顺序或递减顺序来看，形成着必然的一个顺列；但在这个顺列中，究竟应该从最复杂的体制开始进向最单纯的呢，还是应该从最单纯的体制进向最复杂的？

本篇结末的第八章中，有解决这个问题的企图；但在这以前，我们有检考一个事实的必要。这个事实是极显著的，极有使我们注意的价值；而当自然对其一切生成物赋予存在的能力之际，这个事实还能引导我们去认识自然所经过的步骤。著者在这里想要说的，就是：唯有动物的自然顺序，应该认定它是从最完全即最复杂的开始而渐进至于最单纯即不完全的，其体制是呈现着特异的递降（dégradation）现象。

这个递降，虽然不是渐进的而是有显著变化的，虽然也不像著者在以后所述那样的应有情形，但在主要的集团中，这个现象却以非常明显而且非常强力的恒常性而存在着，在其步骤变更之际，也是如此；故这个现象之有我们去发见的必要，而且有探究的必要；被某种一般的法则所支配着的事，实在已无庸置疑。

第六章　在动物链条中和自一端至他端从最复杂的体制进展到最单纯的体制，同时见到之体制上的递降及单纯化

依照惯例，把动物的链条（Chaine）从最完全的到最不完全的加以检察，就知道体制发达的递降及单纯化是确切的事实。故从反方向逆溯动物阶段的次序，就可看出动物体制构成之复杂性的增加。这些构成乃由栖息地域的环境约束、生活方式及其他种种原因而致，故随处可以看到它略微的、渐进的而且正规的差异。

在动物哲学上有重要关系的各考察之中，有一项最重要的考察，就是：关于从最完全的动物开始至体制最单纯的动物为止，当逐一至一端至他端检察动物的链条之际，在动物的体制上所观察到的递降（dégradation）及单纯化一事。

这里有一个问题先要解决：这个事实，是否能够加以现实的确证？若这件事可以证实，则在自然所经过的途程中，不啻投入了非常的光明，而且还可以引导我们至发见最有知悉必要之自然法则的某部份的途径。

著者在这里想要证明的是：问题中的事实原是确实的，它是永远普遍作用着之一个自然不变法则的结果；可是有一种极易认知之特殊原因，却在动物序列的全局上，影响至这个法则所发生的结果不能正规的表现出来。

第一，我们必须认明在自然类缘上一致配列成的动物之一般顺列，表现着一个因自然而被采用的体制上各种形式所造成之特殊集团的顺列；此等集团，若照体制上构成的递降顺序加以配列，就能形成一个真实的链条。

其次要认明的是：若除去其原因将在后章叙述的异常①，则这个链条之自一端至他端，就可到处看到组成该链条之动物在体制上显著递降情形以及此等动物之能力在数量上递次减少情形；因此，若我们看到该链条的一端各方面都是最完全的动物，则在反对的一端，就能必然的看到自然所造成之最单纯而且最不完全的动物。

最后，由于这样的检考，也就获得了下述现象可信的理由：即一切特殊器官随着纲的递降而作累进的单纯化，变换，衰弱，逐渐缩小；若为最重要的器官，则不能见到它局部的集中，而在未达到该链条反对的末端之前，早已没有痕迹残留，作必然的消失了。

就事实而论，著者在这里所述的递降，在它的途程上当然有显著变化的推移，而且也不是正规的。因为有许多地方，往往某器官突然缺失或突然发生变化，而在变化的时候，该器官有时就形成一种不能感到与其他器官间有联络之任何阶段的特异形态。

---

① ［译注］指环境约束及用进废退的影响。

又有许多地方，某器官在必然的消失以前，往往有数度隐而复现的现象。但这种现象是免不了的，使体制成为累进的复杂之原因，由于这些原因之结果的作用能予以强力影响而受到变化，这样的事屡见不希；因此，其结果就受到种种偏向。这一点我们不久就可理解。但虽然如此，这里所述的递降，在大体上所看到的一切例子中，它是现实的、累进的。这也决不会错。

如果使体制不绝的臻于复杂这原因，能专一的影响于动物的形态及诸器官，则体制组成的增进其途程之为到处非常正规的，是一定的结果，但实际上决不如是。因为自然的各种操作，不得不受干涉其作用之环境约束的影响所支配，这些环境约束，到处能予自然生成物以变化。上述的环境，在我们现在拟加以证实之递降的过程中，无论何处都表示着于某一时期中发生奇怪之偏向的特殊原因。

动物体制之累进的递降及该递降之累进于动物顺列中所示之异常的原因，至是当已充分明了。

若自然仅造成水栖动物一项而止，如果所有的水栖动物都栖息于同一气候、同一种的水、同一水深等条件之中，则在这样的情形里，在这些动物的体制上可以见到正规的、无显著变化之推移的渐迁（gradation），当为势所必然的事。

可是，自然也没有如此限度的能力。

先要知道：虽然同样的是水，自然也造成非常多样的环境约束；淡水、海水、静止或停滞的水、流动或不绝的在激动着的水、热地的水、寒地的水、浅水、极深的水等等，对于其所栖息的动物，都有各种不同情形的作用，形成特殊的环境约束。于是有同一程度之体制组成的，支配于此等各异之环境约束的动物各种类，就受到此等环境约束之特殊的影响，在体制上造成了多样化。

自然孳生了一切列位的水栖动物，借助于各种水的环境约束，使这些动物发生特异的变化；以后，这些动物逐渐发展开来，最初到岸上，其次到地球干燥部份的空气中去生活；在一段极长的时间里，栖息于与前者绝异而其习性及诸器官遭受极大影响的环境中，因此，这些动物之在体制组成上所示的正规渐迁，受到了极大的变化；结果其渐迁的痕迹在许多地方都几乎无从探得了。

著者之经长期考察且依据确实之证据而树立的这些考证，提示着下列动物学上的原则（principle zoologique）。这个原则的根基，著者以为是不能动摇的。

体制组成上的累进在动物一般顺列中的任何一处都在发生着因环境约束的影响及获得习性的影响而起的异常变化。

根据这些异常现象的考察，不但否认了存在于动物体制组成中之明显的累进现象，而且否认了自然在造成生物之际所经过的步骤。

但虽然有著者所指示之明确的诸偏向，自然之一般规律及其步骤在手段上虽有无限变化，而在实行时，却是一律的，所以要判定这些现象还很容易。因为这些现象可以判定，所以应该把已知动物之一般顺序先作全体的考察，其次将各大集团作逐一的考察。于是关于体制组成之际所经过的渐迁情形，认得了极少疑虑的各种证据。这种渐迁，根据著者所述的异常现象，决不致被误认。此外在不受到环境约束极度变化之作用的地方，还能够看到所有一般顺列的各部份中之完全的、不作显著变化之推移的渐迁。我们在这部份上，加以科（familles）的名称。这个真理，在所谓种（espèce）的研究上更为显著；因此我们的观察愈是深入，则种的区别愈是困难，愈是复杂而且愈是微细。

关于以上所述的各点，若得了后述之曲尽原委的确实诸证；则我们对于此处所提出的在动物体制组成中渐迁的事实，当不复有置疑的余地。而因为我们之所谓诸动物的一般顺列，是与自然顺次孳生此等动物的顺序相反的，所以这个渐迁，除非是因为将来当被我们发见的未知动物中绝了，或是因为由于各种栖息环境所发生的极度异常现象而中绝了，在我们看来，自动物链条的一端至他端，都将普遍的呈现显著的递降现象。

现存，我们且根据实证的诸事实把动物顺列的构成及其全体加以一次检阅，借以确立动物体制自一般顺序之一端至他端的递降性质。先来考察该顺列所示于我们的诸事实，其次把该顺列第一次所区分的十四纲逐一加以简略的研究。

如著者上文所提示的动物一般配类，大体上都已得到一般动物学者的承认，所反对的，仅唯若干类的界限而已。在这次检考中，著者注意到一个极显明的足以决定著者目的的事实，这个事实如下：

在这个顺列的一端（这一端惯例上都指前端），可以看到各方面都是最完全的、体制最复杂的动物；反之，在同一顺列的另一端上，可以看到存在于自然界中之最不完全的动物，它们的体制极单纯，其单纯的程度甚至令人疑心到它们是否具有动物的性质。

这个应该充分承认的、实际上不能加以反对的事实，是著者欲对递降加以证实的第一证。因为这个事实是递降现象的基本状态。

在动物一般顺列之考察所示的其他事实上，可作为动物体制自链条一端至他端之递降的第二证的，是下述一事：

动物界的前四纲，都是具有脊椎的动物；反之，其他各纲的动物，都绝对没有脊柱。

脊柱是骨格的根本基础，没有脊柱，骨格就不能存在。在可以看得到脊柱的动物体上，同时也可以看到大小不一的、完全而具备的骨格。这是我们早已知道的事。

又，诸能力的完成程度，表示着由该程度发生之器官的完成程度，这也是我们早已知道的事。

人类智能的极度优越性，超出一般动物的范围以外，在他们的体制上，人类就表示着确实为自然尽其所有精力而造成之最伟大的完成型。因此动物的体制愈和人类相近，愈为完善。

如上所述，著者观察到人类的体制不但有具关节的骨格，而且在体制的各部份中，都有着最整齐最完善的骨格。这个骨格，能使身体坚固，予肌肉以许多依附的处所，而且使人类能无限制的变更其运动方式。

因为骨格是人类体制之规律的主要部份，故具有骨格的一切动物，其体制之完善，显然较胜于缺乏骨格的动物。

所以，无脊椎动物较脊椎动物为不完全；又若我们把最完全的动物置于动物界之首，则因为接踵于前四纲之后的一切动物都缺乏骨格，从而其体制之完全程度亦较低下，于是动物的一般顺列，在体制上表现着确实的递降现象。

不宁唯是，即专在脊椎动物之中，也可以看到同样的递降现象；无脊椎动物中也是如此，这看了以后的解说就可明白。因此，这一种递降现象实为自然活动之恒常的规律的结果，同时也是我们逆溯自然次序的结果，因为若追溯自然次序的本身，换言之，若自动物中的最不完全动物开始，上溯至最完全的动物，追踪其一般顺列，就可以看到体制构成上递增代以递降的现象，同时动物的一切机能，也连续的作数量及完全度的增大。为了要确证到处存在的递降现象，现在把动物界的各纲试加以一次简单的检阅。

哺乳类

本纲动物具备乳房，有具关节之四肢体及一切最完全动物之根本器官。全体的若干部份有毛发。

哺乳类（Mammalia, Lin.），[①] 为显然的位于动物链条两端之一，应置于表示体制及能力均为最完全而且最丰富之动物的一端者。

────────

① ［校注］Mammalia是哺乳动物的拉丁学名，Linneus表明这一分类的权威来源是林奈。后文遵循同样体例的标注，不再一一说明。

因为包含具有智能最发达之动物的，仅限于这一类。

如上所述，若诸能力的完全程度可以证明由该程度所经营之器官的发达程度，则哺乳而只有它们为胎生的动物，就当有最完成的体制。因为这些动物，较其他动物有着更多的智能、更多的能力及更完全之一联的感觉之故，而且这些动物的体制，也和人类的体制最相近。

这些动物的体制，表示着它的各部份是由具关节之骨格坚固建筑而成的；这些动物的骨格，较其他三纲的脊椎动物一般更为完备。大部份的动物具有附属于骨格而有关节的四肢；于胸腔及腹腔之间，有横隔膜；有二心室、二心耳的心脏；血液红色，温暖；肺脏游离，位于胸腔中，血液于输送身体各部份以前，通过该处。而且只有此类动物是胎生的，胎儿包裹于胞膜中，恒与其母联系，于母体内因母体之物质而发育，迨胎儿出世后，尚须于某段时期中受母乳的哺育。

所以从体制的完全程度及最大多数的能力二点来看，动物界中应占第一位的，实非哺乳类莫属。[①]在此等动物之后，我们再不能见到确实的胎生生殖、肺脏的位置因横隔膜之故而被限于胸腔内，接受输送于身体其他部份的全部血液等等现象。

就事实而论，在哺乳类中要想从栖息环境、生活方式及远古以前所获得之习性的结果把实际上属于我们所检考之递降现象的

———————

① ［原注］《关于生物体的研究》（*Recherches sur les Corps vivans*）第15页。

动物——加以区别，是一件颇困难的工作。

不过这一类中体制之一般递降的痕迹，却可以看到。那些肢体能够握物的动物，其完全程度较诸仅能适于步行的动物自然要优越些。至于人类，从其体制来看，是应该置于前者一群中的。因为人类的体制最完全，所以其他动物体制的完全程度和递降程度，应该以人类体制为基准而判断的。

即在哺乳类中，可以从该纲区分出不等的三部类。这三个部类，如下所述，在其所包含之动物的体制上表示着显著的递降现象。

第一部类：有爪哺乳类（mammifères onguiculés）。此等动物有四指，在指的末端有平或尖的爪，这些爪并不包裹指头。四肢通常能握物，至少能将其钩住。体制上最完全的动物，可于此等动物中见之。

第二部类：有蹄哺乳类（mammifères ongulés）。此等动物有四肢，其指的全部被称为蹄之圆形角质的末端所包裹；肢脚除能在地上步行或驰驱外，无任何用途，不能登树、握住任何目的物或获得物、攻击或撕裂其他动物。此等动物仅赖植物质之营养以维持其生命。

第三部类：丧蹄哺乳类（mammifères exongulés）。此等动物仅有二肢，肢体甚短，且扁平，其形如鳍。指裹皮肤，无爪或蹄，在全体哺乳类中为体制之完全程度最低的一类。没有骨盘，也没有后肢；食物咽下，不经咀嚼，平时在水中生活，欲呼吸空气时始出现于水面。此等动物，称为鲸类（cétacés）。

两栖类（amphibies）①虽同样的栖于水中而时时出水面步行于岸，但在自然的次序中，实际是属于第一部类的，并不属于含鲸的部类。

自此以后，我们就有把因栖息地域及获得习性之影响而致之体制的递降从因体制之完全程度即构成上进步的迟缓而致之体制的递降区别开来的必要。关于这一点，我们宜仅止于此，不宜作详细的考察。因为如著者以下所述，动物之常被生活环境、特殊栖息地、环境约束所强制着的习性、生活方式以及其他各项，因有使器官变化之极大力量，故在我们所考察的递降上，不免有混入实际因其他原因而致的各部形态之虞。

例如，两栖动物与鲸日常生活于浓密的环境约束内，因此其充分发达的肢体，不过因为要克服运动上的障碍，所以仅止于有极短缩的肢体，这是很明显的事；又，因水的影响，妨碍内部有坚固部份、伸延极长之肢体运动，致其影响的唯一结果，形成了此等动物现在的状态，从而此等动物之获得现有的全体形态，乃由于其所栖息之环境约束的影响而致，这也是很明显的事。但在我们对哺乳类动物欲求得认识的递降上，两栖类却应与鲸类隔离得很远；它们的体制，在基本的各部份中其递降程度远较鲸类为少，应该置于与有爪哺乳类之列位相接近的地方；反之，鲸类因为是最不完全的哺乳类，所以应置于该类的末位。

_____

① ［译注］这里的两栖类非今日分类的两栖类，为两栖哺乳类，如海豹、儒艮（dugong）之类。今日的两栖类，在拉马克的分类上属于爬虫类中。

现在，我们要从这里移至鸟类了。但著者在这里先要说明的，在哺乳类与鸟类两者之间，并没有推移的痕迹存在着。在这里，存在着未填满的间隙，无疑的，自然当造成填满这个间隙的动物；该类动物在体制的形式上当不能包含于哺乳类或鸟类之中，应该形成特殊的一类，这一点是必须指摘出来的。

这个事实，已因澳洲二属动物之发见而实证，即：

鸭嘴兽（Ornythorinques）
针鼹（Échidnés）
——一穴动物（Monotrème, Geoff.）

这两属动物，有四足，无乳房，牙床无牙，无唇；只有唯一的孔腔即排泄腔（cloaque）作为生殖器官，同时司脱粪排尿之职；身体覆有毛或针毛。

这两属动物不是哺乳类，因为没有乳房，而且是卵生的。这几乎是千真万确的。

这两属动物不是鸟类，因为肺脏没有孔，也没有形成翼状的肢体。

而且，这两属动物也不是爬虫类，因为心脏有二心室，当然不容于爬虫类中。

因此，它们属于一个特殊的纲中。

鸟　类

本纲动物无乳房，有二足；二前肢呈翼状；体躯覆有羽毛。

第二位显然的是鸟类。虽然在此等动物中，不能见到与第一位动物同程度的多数能力和智能，但除了一穴类，此等动物是唯一的具有如哺乳类那样二心室、二心耳的心脏、温血、头盖充满全部脑髓以及常围以肋骨的躯干。故此等动物具有与哺乳动物共通的、只有它们还存在着的诸性质，以及于本纲以下任何动物中都不能看到的类缘。

但鸟类若和哺乳类比较起来，在体制上却显示着明白的、而并非由于任何种类之环境约束影响而致的递降。此等动物，根本没有第一位动物所具有的乳房；关于生殖的方式，其器官在鸟类体上已经不具，在鸟类以下列位之任何动物中，也不能看到。略言之，鸟类根本是卵生的。第一位动物固有的真实的胎生方式，在第二位的动物中，已不复见，而在其他的部类中，亦不复再现。其幼胚被闭锁于无机物的外包（卵壳）之内，以后与母体即不相联系，不以母体的物质营养其自身，却能于外包内发育成长。

横隔膜在哺乳类中，虽以各种大小不等的形状而斜隔着，但其将胸腔与腹腔完全分开；但在鸟类体上，横隔膜是不存在的，或虽有而极不完全。

鸟类的脊柱中，只有颈与尾的脊柱是能动的。在这类动物体内，因为脊柱之其他椎骨的运动看来并非必要，因此都不运动，使不致予胸骨之伟大的发达以障碍。到了今日，因为胸骨的发达，运动就几乎成为不可能的了。

事实上，鸟类的胸骨是附有胸部肌肉的，这胸部的肌肉因为不断的做着急激运动，已变成非常厚而有力；因此胸骨就变成非常的大，而且在中央部份形成龙骨突起（cariné）。但这种状态，是由于鸟类的习性所致，并非由于我们在这里所检考之一般的递降原因。这是真实的事实，称为蝙蝠的哺乳动物，也同样的有着具龙骨突起的胸骨。

鸟类的血液，在未运输至身体的各部份之前，先全部通过肺脏。故鸟类像第一位的动物那样，完全以肺脏行呼吸。在鸟类以后的任何已知动物中，都看不到同样的状态。

在鸟类中还显示着一种非常显著的特性，这特性是和此等动物所栖息之环境的约束有关。它们较诸其他的脊椎动物尤喜居住于空中，几乎常在空中作各种方向的飞行。因此它们获得了一个使空气充满肺脏的习性，借以增大其容积而使体重减少。这习性使胸部的两侧获得一种附属器官，借以使保存于该器官中之因局部之热而稀薄的空气通过肺脏及其周围的包囊，而呈一种身体的全部、中空的大骨内部乃至大羽毛管中都被空气侵入的状态。①但是鸟类血液之必须受到空气作用的，仅为肺脏中这一部份；侵入身体其他各部份的空气，另有与呼吸作用相异的用途，不一概

_____

①〔原注〕若说鸟类因飞翔空中之惯性的结果而有具孔的肺脏及由毛变成的羽毛，则反对的人，也许要责问：然则蝙蝠为什么没有同样的羽毛及有孔的肺脏？对于这个问题，著者的回答是这样的：大概蝙蝠有比鸟类更完成的体制形式，结果具有限制肺脏膨胀之完全的横隔膜。因此，肺脏内不能生孔洞，不能使空气有在肺脏内充分膨胀至能因气体有力之影响达于皮肤而予毛之角质分歧为羽毛的能力。事实上，因空气在鸟类体中能侵入毛的根部而强制的使其基部变成管状，致将其分歧为羽毛。像这样的事，在空气不侵入肺脏以外处所的蝙蝠体中，当然是不可能的。

而论。

于是应该置于有乳房动物之次位的鸟类，在其一般的体制上就表示着一个明白的递降。这并不是因为鸟类有一种为哺乳类所没有之肺脏的特性，盖肺脏及羽毛，不过表示着鸟类在空中飞翔而获得之习性的结果；而是因为鸟类是最初失去最完全动物所固然的生殖方式，仅具有其以下各类动物之大部份所有的生殖方式之故。

在鸟类的本纲中，要认识为我们研究对象之体制上的递降，是极困难的。我们关于这一纲之体制的知识，至今还十分模糊。因为这个缘故，至今我们对于其名目中那些应置于纲的前端、那些目应选出来置于纲的末端等事，都委诸独断。

可是水禽（例如膜趾类）、涉禽类及鹑鸡类，其雏鸟一经出壳，就能步行和食物，这一点是它们凌驾一切其他鸟类的地方；尤其是膜趾类，其中之帝王企鹅、企鹅等等，他们之几乎没有羽毛的翼，仅能在游泳时当作桨，不能用以飞翔；因此颇有几处与一穴类及鲸类相似。我们若将以上两点注意考察起来，则知膜趾类、涉禽类及鹑鸡类，应构成鸟类中最初的三目；而鸠鸽类、燕雀类、猛禽类和攀禽类，则似应作为鸟类之最后四目。关于这最后四目之习性的知识，我们知道是这样的：雏鸟刚出卵的时候，不能步行，也不能自行食物。

又若依据上述的考察，将攀禽类作为禽类中的最终一目，则此等鸟类因为是唯一的有二后趾及二前趾的动物，其特质与避役相共通，当可作为该类与爬虫类相互接近的证明资料。

爬虫类

本纲动物心脏仅有一心室，虽不完全，但尚以肺脏营呼吸。皮肤平滑或被鳞片。

第三位，当然的而且必然的应为爬虫类。同时此等动物，关于从最完全的动物开始自动物链条之一端至他端之体制上的递降一事，还供给了我们新的、最重要的诸证。事实上，在仅有一心室的爬虫类心脏中，已看不到第一及第二列位动物之本质的构成；血液是冷的，与其以下各列位的动物相同。

另一个关于爬虫类体制递降的证据，可于其呼吸中认得之。第一，此类动物是以肺脏呼吸的最末一类。此类以后，在任何纲的动物体中，看不到这样性质的呼吸器官。这件事在叙述软体类的时候著者当试行证明。其次，在此等动物中，肺脏通常都由非常大而数目不甚多的肺胞所造成，而且颇为单纯。在多数的种里，这器官于发育的初期是没有的，由鳃代司其职。鳃在本纲以前各列位的动物中，是绝对看不到的呼吸器官。有时在本纲中，还可以看到在同一个体内同时有上述两种为呼吸而生的器官。

但是，关于爬虫类呼吸之递降的最大证据，还在于血液之经过肺脏的仅为其全部的一部份、其余部份不受呼吸的影响就到达身体各部份的一点。

又，在最完全动物体上作为本质的四肢，在爬虫类中也开始消失；该类的多数动物（蛇则近乎全体），甚至完全付诸阙如。

把心脏的形态、几乎不升至环境温度以上之血液温度、不完全的呼吸以及肺脏之近乎渐迁的单纯化等等所看到之体制上的递降各点独立了来看，则在爬虫类中可以指摘出相互间极大的差异；因此本纲各目的每目动物，在体制上及外部形态上，都显示着超过前述二纲动物以上之大差异。有的生活于通常的空气中，其中没有四肢的动物仅能够匍匐；其他则生活于水中或岸上，有时赴水，有时上陆。有的被鳞，其他则唯有赤裸的皮肤。又此类动物，虽然同样的具有一心室的心脏，可是有的有二心耳，有的却只有一心耳。这些差异，均由栖息环境的约束、生活方式等因而致；此等环境约束所给予在自然所对之目标相距尚远之体制的影响，确较给予完全程度较高的体制为强。

爬虫类是卵生动物（卵在母体至孵化为止）；具有变更的而许多地方是非常退化的骨格；呼吸系及循环系之完全程度较低于哺乳动物及鸟类；所有的脑髓并不充满头盖的全部，其形甚小，完全程度亦较低于前二纲；而愈近最不完全的动物，愈可以看到体制上作累进递降的情形。

在此等动物中，我们还可以看到与其诸部份形态上由于栖息环境约束结果而发生之诸变化无关的体制上一般递降的痕迹。即位于该目末后的动物（蛙类），其各个体在初期中是以鳃呼吸的。

若把从蛇体上观察到的四肢阙如作为递降的结果之一来考察，蛇类似应作为爬虫类的最后一目；其实这样考察是错误的。实际上，因为蛇是为了要隐藏自身而具有在地上直接匍匐之习性的动物，故其体躯之长，远较其大为甚。而长的肢体，对于匍匐时隐身的效果既有妨碍；极短的肢体，因其为脊椎动物，其数又不能超出四个以上，故亦不能使身体运动。因此，此等动物在习性上就消失了肢体。但是有肢体的蛙类，却显示着比此等动物更低级的体制而与鱼类相邻接。

著者以上所述之重要考察的辩证，是根据着确切的事实的，故已无非难的余地；欲加反对，似为无益的事。

鱼 类

本纲动物用鳃呼吸，具有平滑或被鳞之皮肤及有鳍的体躯。

如果追迹起持续在体制之全体上、动物能力之数的减少上的递降步骤来，鱼类之必然的在第四位即置于爬虫类第二位，乃极易理解的事。此等动物，显然具有比爬虫类体制在完成上更逊一筹的体制，故其体制与最完全动物的体制相距更远。

不待说，它们的一般形态、头部与体制之间形成颈的缢陷之缺如，以及代替肢体的各种鳍，都是其所栖息之浓密的环境约束影响的结果，非为体制上递降的结果。但其递降若就其内部器官观察之，就能使我们确信其为现实的，而且是极大的；不得不将鱼类置于爬虫类的次位。

在此等动物上，已看不到最完全动物的呼吸器官，即真实的肺脏已经消失，代以这种器官的，是鳃排列于头部的两侧，每侧四个，状如栉齿，为仅有脉管的薄叶。呼吸的水自口腔进入，通过鳃的薄叶，于该处可见之多数脉管即被浸润；因为进去的水是混有空气或融解着空气的，虽然其量甚少，这些空气即作用于鳃的血液而获得呼吸的效果。不久，水就通过鳃盖孔即张开于颈之两侧的孔洞而向两侧流出。

吸入的液体自动物的口流进借以到达呼吸器官，是本类动物最末的一种现象，这是应该注意的。

此等动物及自此等动物以后的动物，不复具有气管、喉头、真实的口部发出的声音（包括人们所谓的隆隆声）和眼睛上的眼睑等。此等的器官和能力，至本纲均已消失，在动物界以下的各部类中，也不复再见。

可是，鱼类尚为脊椎动物的一部类；这是最后的一纲。亦为体制上第五阶段的末一纲，亦为与爬虫类同样的具有以下各点的唯一动物。

——脊椎。

——限制于脑中的神经，并不充满头盖。

——一心室的以及心脏。

——冷血。

——最后为全体不露出于体外的耳。

故鱼类在体制上是这样的：卵生，形态上最适于游泳的，有不具乳房的体躯，有与最完全动物之四肢无全然类缘的鳍，有受特异变化、极不完全而在本类最末位动物中殆为唯一之基础型的骨格，有一心室的心脏及冷血，有代以肺脏的鳃，有极小的脑，触感不能认知外物的形态，气味因仅由空气的传移，似不具嗅觉。此等动物的性质，对于我们欲在动物界全范围中企图追迹之体制上的递降，当然有强力而且确实的帮助。

现在，我们要叙述下面所见到的事：即在鱼类之最初大别上，我们所称为硬骨鱼的，是鱼类中最完全的动物，而软骨鱼则为最不完全的动物。这二个考察，在本纲的动物中确证着体制上的递降情形。因为在软骨鱼类中，其有使体躯坚固达到易于运动之目的的部份，呈现着柔软的软骨状态；这样的骨格，表示着在此等动物中已告终局，甚至可以说是自然在此等动物中开始予以另一种骨格之基础型的事。

若继续把与自然次序相反的次序追迹起来，则此类动物的最后八属，当为鳃之外孔无鳃盖亦无膜、仅在两侧或喉下有穴的鱼类。末了，八目鳗和盲鳗，由于骨格之不完全，与其他一切的鱼类差异极大。此等鱼类因系裸体，分泌黏液，两侧无鳍，故应置于本纲之末。

关于脊椎动物的考证

脊椎动物在其相互间所示之各器官一切极大的差异，都是依据体制上共通的规律而形成的。从鱼类上溯之哺乳类，我们发现这规律完成于自一纲至他纲之间，至最完全的动物而告终。但在其完成的过程中，我们又可看到这样的事：由于因动物之栖息地域及各种类所生存之环境约束而被强制获得之习性的影响，这规律有许多地方受到了极大的变更。

因此，我们知道：一方面脊椎动物在体制的状态上表示着相互间显著的差异，即自然之对此类动物执行其规律，是开始于鱼类，再进至爬虫类，复进至鸟类，使其规律更近于完成，最后在最完全的哺乳类中，终于达到完全的终局。

他方面，我们又不能否认脊椎动物之体制规律的完成程度在自最不完全的鱼类至最完全的哺乳类之间，其所以并不到处显示正规的、推移的渐迁现象，是因为下述的缘故：即异常复杂的甚至是反对的各种环境约束，因能使生存于该环境中的动物受到累积世代而长期连续之作用的影响，恒予自然的业积以变化和障碍，甚至使他的方向也发生变化。

脊柱的消失

动物阶段到了这一点，就可见到脊柱已完全消失了。但因为脊柱是一切真实骨格的基础，这骨架是最完全动物体制中的主要部份，故我们在以下将逐次检考的无脊椎动物，必须具有比我们以上所研究的四纲动物更递降的体制。而且在以下诸纲中，肌肉运动的依据点也已在体内失去了它的地位。

不但此也，任何的无脊椎动物，都没有以胞房性的肺脏呼吸的，也没有语音；申言之，即发生这种能力的器官。而且此等动物，大部份缺乏真实的血液。血液在脊椎动物中呈本质的赤色，营着真的循环作用。但是这种颜色，只与动物性发达的强度有关。对于在水螅类之细胞性体质中缓缓流动着的无色而无稠密性的液体，也予以血液这个名称，无论如何是文字的滥用。如果以为这样称呼是对的，则植物的树液岂非也应予以同样的名称？

除了脊椎以外，此类动物中还失去了最完全动物之眼睛物质的虹彩。无脊椎动物眼睛是有的，但没有判然的虹彩。

肾脏也同样的限于脊椎动物始能看到，鱼类是最终尚能看到这样器官的动物。在鱼类以下，无论是脊髓，无论是大的交感神经，都已不复存在。

此外，还有一个最后的极有考察必要的观察，即在脊椎动物中，尤其是与动物阶段之最完全动物一端的附近，一切本质的器官都是孤立的，或各器官随其器官数之多寡而各占有特殊孤立的地位。反之，在阶段的另一端附近，也有可以得到完全认识的事，在以下各节中立刻就要说明。

因为有乳房之动物的体制各方面都表示着包括最完全动物的体制，而且无疑的为具有最大之完全程度的真的典型，所以无脊椎动物之具有比一切有脊椎动物完全程度为低的体制，是不待赘述的事。

现在，我们就试来研究下述的问题：即无脊椎动物之分成多数顺列的纲及大的科，如将此等集团相互比较，则在此等所包含之动物的体制构成及完全程度上，是否可以同样看到累进的递降现象？

无脊椎动物

研究至无脊椎动物，我们已遇到了一个生存于自然间动物中之最多数的、在其体制及其能力上所观察到之差别点上为最珍奇而且最有兴味之各种动物庞大的顺列。

若观察这个状态，则因为此等动物都是逐渐随着顺序孳生的，故我们得以确认自然依着阶段而从最单纯的动物至最复杂的动物而进行的痕迹。自然的目的，原在达到具有最大完全性之体制的规律（脊椎动物的规律）；这个规律，在其达到以前，与对豫先所创造之计划有强制作用的规律差异极大，故在此等多数动物所看到的一切，并不是具有累加的完全程度之体制的唯一形式，甚至为各种不同的形式；此等每一形式都是在每一最重要器官开始形成之际的第一个形式。

举例来说，当自然创造一个消化方面的特殊器官之际（例如在水螅类中），自然对具有该器官之动物开始赋予一种恒常而特殊的形态；而自然之作为一切发端的纤毛虫类，既不具该器官所给予的能力，也不具适合于该种机能的形态及体制形式。

其次，自然创设特殊的呼吸器官；而为了要使该器官完全和适应动物所栖息的环境约束，就使该器官发生变化；同时，又由于其他器官之存在及发达的连续要求，于是在体制上就有了各种形式。

以后，自然造成神经系统。同时关于创造肌肉系统，在自然也就成为极可能的事。到了这个时候，因为创造成功的各器官都形成了对称的形式，于是为了要固着肌肉，肌肉之需要固定点，又成了必然的要求。结果，因栖息环境的约束以及前此诸部份之所获得，乃发生了体制上的各种形式。

最后，自然又使包含于动物体内的液体充分发达，造成循环组织。结果在体制上又发生了可以和绝对不行循环作用之器官形式相区别的重要特质。

为欲认识上述事项的根据，阐明体制上的递降及单纯化（因为我们在追溯着与自然次序相反的次序）。我们且试把无脊椎动物的各纲作一次简单的检阅。

软体类

本纲动物颇柔软，无关节，用鳃呼吸，且具有外套，不具有节纵走神经索及脊髓。

表示动物顺列之渐迁的阶段下降至此，第五位必然的为软体动物。此等动物因已经不具有脊椎，故应置于鱼类的下一阶段，但在无脊椎动物中，却是具有最优良体制的动物。它们用鳃呼吸；这一种鳃，因其属及此等属所包含之种的习性各有不同，故形态及大小各有差异，而且位置也各不同，有的在体内，有的则在体外，形式极多。此等动物都有一个脑；神经无关节，即不具沿纵走神经索而下的神经节；有动脉管及静脉管和一个或数个单室心脏。它们为已知动物中唯一的具有神经系而不具脊髓和有节纵走神经索的动物。

鳃在本质上虽为自然在水中营呼吸作用的器官，但在屡与空气相接触的水栖动物中，或水栖动物之种类个体的、接触空气的世代及平常栖息于空气里的若干动物中，其形态及能力都已起了变更。

此等动物的呼吸器官，在不知不觉之间，已习惯于空气中。

这决不是推想，正如一般所知那样的，一切的甲壳类固然有鳃，但平时生活于地上的蟹（Cancer ruricola），①其鳃就自然而然的呼吸着空气。末后，因为以鳃呼吸空气的这个习性，已成为多数软体动物的必要获得，于是习性就使器官本体发生变更，它们的鳃已不需要呼吸流动体的多数接触点，却固着了包藏空气的腔的房壁。

结果软体动物中的鳃就可区别成二种。

其一，因为由分布于体之内腔的皮肤上而无隆起形状的膜管网所组成，对于空气以外的东西，就不能呼吸。这一种可称为空气性鳃（branchies aériennes）。

另一种，在动物的体内体外都有，恒有隆起，形成房状、栉叶状或细纽状，是一种唯凭接触流动体之助始得行其呼吸的器官。这一种可称为水性鳃（branchies apuariennes）。

若以为该器官之这种差异，是由于动物习性的差异所致，则在软体动物若干目中特有性质的范围里，就得到一个有益的结论：即可以把具空气性鳃的动物从具有深水外不能呼吸他物之鳃的动物中区别开来。但是这二种鳃，到底不过是鳃而已，若说呼吸空气的软体动物具有肺脏，那是非常不当的。可是像这样滥发言词误用名称把对象的本质曲解而引导我们陷入错误的，却颇不

---

① ［校注］Cancer在拉丁语中意为"蟹"，ruricola来源于拉丁词ruri（乡村）和cola（居住的），意为"居住在乡村的"或"乡间生活的"。因此，Cancer ruricola直译就是"乡村蟹"或"陆地蟹"，以示其生活习性主要是在陆地上，靠近乡村、潮湿地区或沿海区域。

乏人。

在由分布于体之外皮上的网状或纽状脉管组成的皮鳃螺（pneumoderma）的呼吸器官与分布于内腔皮肤上蜗牛的网状脉管之间，究竟有没有显著的大差异？虽然皮鳃螺除水以外，似不呼吸其他物质。

又，呼吸空气之软体动物的器官与脊椎动物的肺脏之间是否有类缘存在的问题，著者也想在这里略加讨论。

肺脏的特质，原在于特殊的海绵形块状物一点；这个块状物，由常有空气进入、各种大小不同的胞房所组成，空气最初由动物之口进入，从该处经过称为气管之大小程度不一的软骨质管（气管一般分歧成数枝，称为气管支），而到达胞房。肺胞和气管支由于藏有海绵形块状物之体腔的膨胀和收缩，结果就交互吞吐空气。像这样交互的、有判然区别的吸气和排气，是肺脏固有的作用方式。这种器官仅能接触空气，若与水或其他特质接触起来，就受到非常的刺戟。因此，它的性质与若干软体动物的鳃腔不同。鳃腔不能作不变的交互性的膨胀和收缩，没有气管，也没有气管支，而且吸入的液体也并不经过动物的口。

没有气管和气管支，不作交互性的膨胀和收缩，吸入的流动体不经过口，有时能适用于呼吸空气，有时又能适用水中呼吸，像这样的呼吸腔，当然不能算是肺脏。把这二种各异的器官冠以同一的名称混在一起，不但不能使科学进步，反能使科学陷于混乱。

肺脏是能给予动物发音能力的唯一呼吸器官。爬虫类以后的动物，没有一种有肺脏，也没有一种能以口腔发音。

著者的结论是：所谓有以肺脏呼吸之软体动物存在的话，是靠不住的。虽然若干软体动物能呼吸外界空气，若干的甲壳类也能作同样的呼吸，一切的昆虫类也能作同样的呼吸；但除非把同一名称冠于非常相异的对象上，此等动物都不能说具有真实的肺脏的。

软体类因为体制的完成程度较鱼类体制更低，故对于动物链条中我们所研究之累进的递降，又多了一个证据。可是在软体动物之中，要同样决定它的递降，却并不容易。因为这一类为数极多而具有各种变化的动物，欲将关于此处所述的递降各点从此等动物之栖息地域及习性的结果区别开来，是一件困难的事。

实际上，所谓为数极多之软体动物的纲，根据其重要的特质，可以显然的区分为仅有的二目；属于此等二目中第一目的动物（有头软体类mollusques cephalés），具有很显著的头、眼、腮或吻，行交尾生殖。

反之，属于第二目之一切的软体动物（无头软体类mollusques acéphales），则不具头、眼、腮、吻，决不行交尾生殖。

因此软体类的第二目，在其体制的完成程度上，便不能不承认劣于第一目。

但这里有必须注意的一点：即无头软体类之不具头、眼及其他器官，并非完全由于体制的递降关系；因为我们在更低阶段的动物链条中，还可以见到有头、眼及其他器官的动物。在这里，我们显然可以看到：于体制完全程度的累进上，还有一个由于与因环境约束而逐渐组成动物体制之原因不同的另一原因而发生的偏向。

如果把诸器官使用的影响及绝对作恒常的废止其使用的影响考察起来，我们就可以知道：事实上，因其外套之充分发达，此等头、眼等器官已无若何用处，故在第二目的软体动物中，已成为不必要的器官了。

无论那种器官，若不恒常使用，则于不知不觉之间，就会衰退萎缩，最后甚至于消失。根据这个自然的法则，可知头、眼、腮等器官，在无头软体动物中事实上已经消失了。像这样的例子，我们在别的地方也常可见到。

在无脊椎动物中，自然已看不到内部构造中所造成之肌肉运动的依据体。因此自然又给软体动物一个外套，以替代原来的职守。所以软体动物的外套，若此等动物移动的次数愈多，若其移动专恃外套的力，则压缩得愈益坚固。

因此，有头软体类因为移动的次数较多于无头软体类，致其外套也较无头软体类的外套为紧密、为厚、为坚固。而在有头软体类之中，裸体的（不具贝壳）动物，又另外具有较外套更为坚固的甲，生于外套中间。这甲能使该动物的移动和收缩更为容易（蛞蝓）。

但是，若我们不追溯与自然次序方向相反的动物链条，把从最不完全动物开始至最完全动物为止的链条检阅起来，则我们就很容易知道：自然在建立脊椎动物之体制规律的一点上，对于软体类，就必须放弃创造作为肌肉作用之依据体的甲壳即角质表皮的手段，开始准备将此等依据点移入动物体内。所以软体动物，可说是体制形式发生这种变化的过渡桥梁，结果，此等动物在移动运动上已仅有微弱的手段，只能以极显著的微速而运动了。

蔓足类

本纲动物无眼，以鳃呼吸，具外套，有具角质表皮之关节的腕。

关于蔓足类，我们所知的还只有四属。[①]此等动物因为不能纳入无脊椎动物中其他诸纲的任何范围中，只得另设特殊的一纲。

此等动物之有外套一点，是表示与软体动物有类缘的；又因它们与无头软体类相同，不具头和眼，故应置于该类之后，是不待踌躇的事。

但是蔓足类的神经系，却因为与下述三纲的动物一样，形成有节纵走神经索，所以不能算作软体类中的一部份。而且，此等动物又有具关节的腕、角质的表皮及数对水平的鳃，故此等动物的地位较劣于软体类。它们的液体运动因得动脉及静脉之助，营着完全的循环作用。

此等动物固着于海中的动物体上，不能移动；因此其主要运动仅限于腕的运动。它们虽然和软体动物一样，具有外套，但自

———————

① ［原注］四属为茗荷（Anatifes）、藤壶（Balanites）、鲸藤壶（Coronules）、拳螺（Tubicinelles）。

然在腕的运动上，却不能从外套中得到何等的帮助。因此在腕的表皮上，不得不创造可以使腕运动之肌肉的依据体，于是表皮就坚硬起来，变成了甲壳及昆虫类那样的角质物。

环节动物类

本纲动物细长，有具体节之体躯，无具关节之肢体，用鳃呼吸，有循环系及有节纵走神经索。

环节动物类一纲因为任何种类都不具外套，故必然的位于蔓足类之后。其次，此等动物无具关节的肢体，不能置于具该种肢体之动物的顺列中；而且它们的体制，也不能置于昆虫类以后的列位中；因此不得不置于甲壳类之前。

此等动物虽然为我们知道的尚不多，但其体制所赋予此等动物的顺位，在体制的递降上也证明着可以看到同样延续的情形。从这一点看来，此等动物的确位于软体类之下，因它们具有有节纵走神经索，而对于有和软体类同样之外套的蔓足类，它们也同样的应该屈居下位。又它们之不具有关节的肢脚一事，不能使我们将其置于中断表示该体制之动物顺列的位置上。

环节动物类细长的形态，是由于潜伏湿地或泥土或水中而生活的习性而获得的。因此生活于水中的此类动物，大部份栖息于以各种特质造成的管内，愿意在管内出入。因其形状细长，故此等动物极与蠕虫类相似；从来所有的博物学者们都把二者混同了。

它们的内部体制是这样的：有极小的脑，有有节纵走神经索，在最大多数种类的动物体上，有营着赤色血液之循环作用的动脉和静脉；呼吸用鳃，鳃有时位于外表，突出，有时则位于内部，被他物掩覆着，不能从外表上看到。

甲壳类

本纲动物有具关节之体躯和肢脚、甲壳性的表皮及循环系，用鳃呼吸。

体躯尤其是肢脚之具有关节，表皮坚固而甲壳化，为革质或角质，像这样动物之多数顺列，是从本类开始的。

此等动物之坚牢或巩固的各部份，都是动物体的外表。即自然在该顺列之最初的动物体中，已开始略微创造肌肉系；然而因为在肌肉系中要赋以能力，故必须有一种支持这种力的坚固部份；又为了要能够运动，故不得不创设关节的形式。

凡属于关节形式之类缘的一切动物，林奈及其后人都以为隶属于唯一的一类中，名之为昆虫类，但到后来，大家就以为此等动物的庞大顺列有根本的区别为若干重要部类的集团之必要。

即如过去许多博物学者常常区别那样的，与昆虫类纲相混同的甲壳类纲，是自然显然赋有特质、根本有独立必要的一类；这一纲位于环节动物类之后，在动物之一般顺列中应占第八位。这一点是从体制上的考察而被决定的，决对不是独断的处置。

具体的来说，甲壳类具有心脏、动脉、静脉以及殆呈无色而透明的循环液。一切动物都以真实的鳃呼吸。这件事已无反对的余地，而对于以此等动物有具关节之肢脚的理由而顽固的欲将其置于昆虫类中的人，却会常常发生困惑的。

甲壳类在循环及呼吸器方面，显然与蜘蛛类及昆虫类有别；因为这个理由，其列位就显然的位于这二类以上；同时此等动物又和蜘蛛类及昆虫类相似，在体制上具有比环节动物类更下等的特性；即所谓形成具有关节肢脚动物顺列之一部的特性。在这个顺列中，可以见到循环系及其循环结果之心脏、动脉、静脉的消失，又以鳃的形式而呼吸这个行为，也在该顺列中同样的归于消失。甲壳类的确证实了在我们检阅动物阶级的方向上所延续的、体制上所看到的递降现象。而循环于其脉管内之液体的透明性，与昆虫类相同的、几乎缺失稠密性的一点，更在此等动物中证实了这个递降现象。

若就神经系而论，虽然由极小的脑和有节纵走神经索所组成，但也已呈前二纲动物及后二纲动物中所观察到之神经系的衰退性状；后二纲的动物，显然为尚可看到神经系的最后动物。

可以看到听觉器官之最后痕迹的，唯在甲壳类中；以后的任何动物，都不能看到该种器官的痕迹。

考　证

真实的循环系，即形成最完全动物体制之一部的、本纲以前之一切动物所具有的动脉及静脉的形式，其存在于此告终。因此，以下所论及之诸动物的体制，比较循环尚相当明显之最终动物甲壳类的体制将更不完全。像这样因为在追溯动物的顺列之际，同时在所考察之动物体制与最完全之动物体制之间的一切类似连续也随着顺序而消失，故体制上的递降我们得以明了的认识下去。

在我们将要逐个检阅之以下各纲动物中的流动体运动，不论其性质如何，都是以活动性极少的手段而运动着的，而且在逐渐趋向徐缓。

蜘蛛类

本纲动物以局部的气管行呼吸；不经过变态，必有具关节之肢脚，且头部有眼。

我们追迹次序至此，就知道应该置于动物界之第九位的，必然的为蜘蛛类。此等动物因为有许多与甲壳类相似的类缘，两者有许多地方很相接近，故不得不置于甲壳类之后，但是蜘蛛类在另一方面又有与甲壳类显然区别的地方；在蜘蛛类中，我们看到了较鳃为劣之呼吸器官的第一例，这个在具有心脏、动脉、静脉的动物中，是绝对看不到的。

具体的说，蜘蛛类仅以通气性的气管及气门行呼吸，这些和昆虫的呼吸器官很相类似。但是此等气管，并不像昆虫的器官那样分布于整个体躯上，只有少数的小囊。这一点就表示着自然在创设鳃以前所不得不用的呼吸形式已于蜘蛛类中告终，正和在形成真实的肺脏以前所不得不用的呼吸形式于鱼类中或最后的爬虫类中告终是一样的。

蜘蛛类因为并不以鳃呼吸而以极受限制的通气性气管呼吸，故若可以与甲壳类作判然的区别，则同时也可以与昆虫类作判然的区别。把蜘蛛类归纳入昆虫类，完全和把甲壳类及昆虫类混在一起相同，是不当的办法。蜘蛛类即不具昆虫类一纲特有的性质，而且内部的体制也和昆虫类相异。事实上，蜘蛛类表示着大于昆虫类的类缘，在下述各点上，与昆虫类有本质的区别：

一、蜘蛛类决不经过变态，在终生保存的形态下，全体具有与生俱来的各部份，结果，此等动物终身具有头部的眼以及有关节的肢脚。此等状态都和与昆虫类有显著差异之内部体制的性质有关。

二、在蜘蛛类的第一目须脚目中，可以看到循环系的基本型。①

三、它们的呼吸系虽然和昆虫是同程度的，但实际上差异极大；其气管仅限于少数小囊。并不像昆虫的气管那样的，为分布于动物全部体躯之极多数通气性的气管所构成。

四、又蜘蛛类一生中有数次排卵，昆虫却缺乏这种能力。

根据上述的考察，就可以充分明了把蜘蛛类与昆虫类归纳为同一类的诸配类错误到如何程度；此等配类的作者之所以如此，

---

① ［原注］可以容易观察到心脏的，尤以蜘蛛类为然。在无毛种类的下腹部上，可看到心脏作显然的跳动。若剥去其皮肤，又可看到一个中空的、长圆形的、两端尖锐的器官；在该器官的前端，其到达喉头一方的两侧，有二、三对显明的血管。见居维叶《比较解剖学》（*Anatom Comp*. Vol. IV, P.419.）

不过只根据此等动物之肢脚具有关节以及考察到被覆此等动物的、作程度不等之甲壳化的表皮而已。这，恰和只根据爬虫类及鱼类之有具程度不等之鳞的表皮而把它们归纳为同一纲中，几乎如同一辙。

若就我们检阅、探求动物全阶段之体制上全般的递降来说，在蜘蛛类中，递降现象极为明显。事实上此等动物，因为以完成程度较劣于肺脏，甚至较劣于鳃的气管行呼吸，而且仅有近于尚未完了之循环系的基本型，当然足以确证此处所述的递降。

这种递降，甚至在属于该纲之种的顺列中也可看到，有触角的动物即第二目的蜘蛛类，与其他同类动物有显著的区别，体制的进步甚劣，极和昆虫相接近。但它们不经过何等变态，而且因为决不在空中飞翔，其气管通常并不分布于体躯全部；在这两点上，它们是和昆虫类不同的。

昆虫类

本纲动物经过变态；在完全状态中，头部有二眼、二触角，有六个具关节的肢脚；且有分布于全体躯的二气管。

若继续追迹与自然次序相反的次序，则在蜘蛛类之后，必然的为昆虫类。它们没有动脉也没有静脉；以不受限制的通气性气管而呼吸；初生时，其状态较生殖子嗣时的状态为不完全；故一生中经过变态（métamorphoses）。这许多不完全的动物，形成一个庞大的顺列。

一切的昆虫类若达于完全状态，都有具关节的六肢、头上二触角及二眼，决无例外，又大部份的昆虫到了这个时期，都有翅膀。

昆虫类在我们所追迹的次序中心，必然应占动物界的第十位。因为它们与蜘蛛类不同，初生时并非呈完全状态；在一生中，又只有一次产卵；在体制的完成程度上劣于蜘蛛类。

尤其是在昆虫类中，我们可以开始看到持续生存的根本诸器官已不如在最完全的动物上所见那样的，孤立于特殊的局部地位中，这些器官几乎在体躯的全局上作等量的分布，而大部份在全局上都占有位置。这一点在以后各纲的动物中，将逐渐显著起来，没有例外。

昆虫类在体制的完成程度上，劣于前述各类的动物；而体制上之一般的递降，在前述种类动物中都不及在昆虫类中那么明显的可以看到。这种递降，甚至在昆虫类中自然分成之多数的目中，也表示着。即前三目（鞘翅目、直翅目、脉翅目）的动物，口有大腮及小腮；第四目（膜翅目）的动物开始具某种的吻；而最后四目（鳞翅目、半翅目、双翅目、无翅目）的动物，实际上除了吻已经什么也不具了。在动物界中普遍具有之成对的小腮，在昆虫类前三目以后，均不复见。至于翅，前六目的昆虫具四翅，全部或仅有二翅司飞翔之职，第七及第八目的动物，或仅有二翅，或不发育而付诸阙如。最后二目的幼虫，不具肢脚，和蠕虫相似。

昆虫类营极显明的有性生殖，是真实卵生的最终动物。

末了，昆虫类由于所谓技能的特性，我们还可以看到许多珍奇的行为，但这些所谓技能，并非何等的思想即昆虫本身何等观念所结合的结果，这一点容后再述。

考　证

正如脊椎动物的鱼类在其一般的构成中及体制构成的累进上所见到的异常形态中表示着栖息环境诸约束影响之结果那样的，无脊椎动物的昆虫类，也在其形态、体制及变态上，表示着环境约束的明显结果。即此等动物所生活的、大部份动物所飞翔的、如鸟类那样将身体作习惯的支持于该处之空中的影响。

若昆虫类有肺脏，能以空气使之膨胀，而这些进入于身体各部份的空气又能像在鸟类体躯内所导入的空气那样，于昆虫体中变成稀薄，则昆虫类的毛，恐怕也会变成羽毛。

又若我们对于无脊椎动物中经过特异变态的昆虫类与其他各类的无脊椎动物之间只能看到极少的类缘一事发生惊奇，则最好注意这一点：即昆虫类为唯一的飞行于空中、于空中作前进运动的动物。若注意到这一点，则像这样的环境约束和习性之在此等动物上产生特异的结果，也就觉得并不足怪了。

昆虫类在其所有的类缘上，只和蜘蛛类相接近。事实上，这二者虽然就一般来说都是唯一的生活于空中的无脊椎动物，但蜘蛛类却不具飞翔能力。又蜘蛛类一生不经过变态，著者在以后论及诸习性的影响之际，预备把下述的事加以证明：蜘蛛类因为栖

息于地面的物体上，有生活于巢中的习性，致丧失了昆虫之各种
能力的一部份而获得了与昆虫类显然不同的特性。

最完全动物之本质的若干器官的消灭

昆虫类之后，在动物的顺列上存在着一个很大的间隙；填满
这个间隙的动物，尚有待于我们的观察。我们怎样知道这个间隙
的呢？因为全动物顺列的这一段中，最完全动物之本质的若干器
官，突然的缺失了，而且实际上确已消失了。这些器官，在我们
以下所检阅的诸纲动物中，都已不能看到。

神经系统的消失

在这里，神经系统（一切神经及其传达中枢）的全体确已消
失，在此后各纲所属的动物中，也已不能看到。

最完全的动物，其神经系由一个职司智能行为的脑所组成；
在脑的基底部可看到感觉的中枢，一切的神经及将其他诸神经送
达身体各部份的脊体，都在此处出发。在脊椎动物中，随着脑之
逐渐缩小和容量逐渐减少，脊髓却逐渐加粗，以代替脑的职责。

到了无脊椎动物第一纲的软体类，这系统虽然还存在着，但
已无脊髓和有节纵走神经索，而因神经节之稀少，已看不到有节
的神经。

末了，在以后的五纲中，最终期的神经系统，仅限于连基本
型也几乎够不上的极小的脑和把神经送达各部份的纵走神经索而

已。嗣后，感觉上已无孤立的中枢，只凭遍布动物体全身的多数小中枢了。

于是在昆虫类中，感觉之重要形式已告了结束。这个形式，于其发达的一定时期中产生了观念；在更高的完成程度中又能产生一切智能行为，而且是肌肉运动获得其能力的源泉。若没有这个形式，就不能营有性生殖。

神经系统的传达中枢，可于脑或脑的基底中见之，有时则位于有节纵走神经索内。虽然脑已显然不存在，若尚有纵走神经索存在，还不能谓神经系统已经消失；但若脑和纵走神经索都不存在，则神经系统才确已消失了。

生殖器的消失

在此处，有性生殖的痕迹也已消失。事实上在以下所述的动物中，已不能看到真实的受精器官。但在以下诸纲中的最初二纲动物上，却可以看到一种卵巢，贮藏着许多一般当作卵的卵形小体。不过著者对于这种不受精而能繁殖的卵，却认为是芽体（bourgeons）或内部胚芽（gemmule interne），是从内部发芽生殖过渡到有性的卵生生殖的东西。

人类之迁就习惯的倾向是很大的，他们甚至会拒绝明证，因执着以为某种事物在任何情形中都和本来相同。

因此惯于观察多数植物之性器官的植物学者，就以为一切植物都会有这样的类似器官，决无例外。结果若干的人们，对于隐花即无花植物（agames），为了要发见它们的雌蕊和雄蕊，曾用尽过一切的最大努力，他们以为与其相信自然以不同的手段达到同一目的的话，毋宁独断的、毫无凭据的把他们不知其用途的部份认为是具有此种机能的器官为愈。

世人都确信一切的生殖器都是种子或卵；质言之，是为了要具有繁殖力，就有接受性的受精影响之必要的生殖体。因此林奈说："没有卵就没有生物（Omnevium ex ovo）。"但在今日，我们却熟知不少既无种子亦无卵，从而亦无任何性的受精之必要，全凭其本体的各种方法而繁殖的动物和植物。此等动物体有特异的构造，在另一种形式下发育成长。

以下所述的就是在判断生物之繁殖形式上应该加以留意的原则。

无论是植物的生殖体或动物的生殖体，凡无须脱却任何的外被而能生长、发育、成为与产生该体之本体相同的植物或动物，均非种子或卵。此种生殖体发育开始以后，不经过何等发芽，也不经过孵化。在它的成长中，尚有何等性的受精之必要。而且此种生殖体，也不藏有像种子或卵的胚珠那样的、闭锁于以后非脱却不可之外被内的胚珠。

若把藻类、菌类等生殖体的发达经过细心研究起来，就可以明白此等小体会直接发育成长，于不知不觉之间获得母体植物的形态；并不像种子的胚珠或卵所贮藏的胚珠那样，须脱却何等外被。

同样，若把水螅那样水螅类的芽体追究起来，也可以确知它的生殖体会直接发育成长，并不脱却何等外被；换言之，它与破卵而出之雏鸟或蚕的行为不同，并不经过孵化。

因此我们知道个体的一切生殖有并不经过性的受精的；实际上，像这样的个体也的确没有具雌雄性质的器官。昆虫类以下的四纲动物，因为没有何等判然的受精器官，故动物的链条至此具一特点，这特点就是不营有性生殖的繁殖方式。

视官的消失

在这里，最完全动物之用途极大的视官也完全消失了。这种器官开始不见于软体类的一部份、蔓足类及大部份的环节动物类；其次在甲壳类、蜘蛛类及昆虫类中，也仅能看到该器官之极受限制的、几乎毫无用处的、极不完全的状态；而在昆虫类以下的任何动物中，即不复见。

此外为最完全动物之本质部份的头、脑以及大部份的感觉至此也全般消失。如绦虫（ténia）等若干蠕虫体躯前端之所以膨大，其原因乃在配置吸盘；既非脑的位置，也非听官、视官及其他器官的位置。这些所有的器官，在以后延续下去的各纲动物中，均付诸阙如，它们的膨大部份，不能认为是真实的头。

动物阶段至此，体制上的递降成为极端的急激化，使我们强烈的预感到动物制之最大单纯化就将到来。

蠕虫类

本纲动物的体躯柔软细长；无头、无眼，无具关节的肢脚，也无纵走神经索及循环系统。

此处所述的动物，都是不具循环脉管的虫；包括所谓肠内寄生虫以及体制上同样不完全的其他非肠内寄生性的虫。它们的体躯柔软细长，其程度不一；发育不经过变态；不具头、眼及有关节的肢脚。

蠕虫类接续于昆虫类之后，在辐射对称类之前，应占动物界的第十一位，于此等动物中，我们开始看到自然创设关节形式的倾向，这种形式，自然在以后完成于昆虫类、蜘蛛类及甲壳类中。但蠕虫类因为已不具纵走神经索、头、眼和真实的肢脚，其体制之完成程度远较昆虫类的体制为低，因此不得不置于昆虫类之后。而且在此等动物中，自然尚未有将各部份作放射状配置的企图；却为了要创设关节形式，开始在本纲中显示了这个形态上的新形式，这一点又证实了蠕虫类必须置于辐射对称类之前。此外，在昆虫类以后的各纲动物中，自然所造成的规律即照各部份相称的对立（opposition symétrique）而构成之动物的一般形态也消失了。所谓各部份相称的对立，是指各部份呈现着相似部份互相对立的形状。

在蠕虫类中，一方面已看不到各部份之相称的对立；他方面可见于放射类中之器具的放射状配置，也尚不能在它们的体内或体外看到。

自著者设立环节动物类以来，若干博物学者们把蠕虫的名称冠于环节动物类之上；而到了此处，他们对于这些动物的处置又感到了困惑，于是把这些动物归纳至水螅类中。下述的问题，著者要请读者加以判断：即把绦虫和蛔虫归纳于水螅及其他一切水螅类的同一纲中，这件事根据那样的类缘和纲的特质？

有几种蠕虫虽然和昆虫类相同，尚以气管呼吸，其向外界所开的口，似可当作气门；但是这些动物决不是生活于空气中的，它们或常沉潜于水中，或浸于液体内；因此其不完全的局限的气管，与昆虫类的气管有异，为通水性的而非为通气性的。

此等动物，因不具何等充分显明的受精器官，故著者推断有性生殖至此已不存在。虽然，也许会像循环系之在蜘蛛类中一样，纵然粗杂，却尚可看到；有性生殖之于蠕虫类，或者也有同样情形的可能性，例如圆线虫之尾的各种形态，就表示着这一点；但只凭这一点观察，还不足充分证实此等动物的有性生殖。

在蠕虫类中若干动物上所看到的，一般作为卵巢的部份（例如在绦虫中所见），不过是没有受精必要之生殖体的集团而已。此等卵形的小体，与水螅（corines）①所具有的不同，非外生的，而为如海胆及其他动物那样内生的。水螅类在其所生之胚芽的位置上，也显示着同样的差异。故蠕虫类似具内在的发芽性。

如蠕虫类那样不具头、眼、肢脚甚或不营有性生殖的动物，当然也证实着我们所追迹之动物阶段全局的体制上所继续看到的递降现象。

辐射对称类

本纲动物的体躯能再生，无头眼及具关节的肢体，下部有

_____

① ［译注］为拉马克分类上水螅类之第四目裸出水螅类的五属之一。

口，内外的任何部份均作放射状配置。

依照惯用的次序，辐射对称类占着已知动物多数顺列中的第十二位，为无脊椎动物最后三纲之一纲。到了这一纲，在其所包含的动物中，就可以看到一种不论内外之任何部份都具有的普遍形式和诸器官的配置形式。这一种形式，自然在已述各类的任何动物中，都不曾用过。

具体的说，辐射对称类在其体躯的内部和外部，显然具有一个中心，即在一个轴的周围形成放射状的配置。这样的配置，自然于已述的各类动物中都未尝使用过，直到水螅类，才开始以这个素描（skètch）构成一个特殊的形态；因此，水螅类是在辐射对称类的次位。

但是辐射对称类在动物的阶级中，其所形成的是一个与构成水螅类阶级截然不同的阶级；如果想要把辐射对称类与水螅类混同，正如把甲壳类置于昆虫类中或把爬虫类置于鱼类中，是同样的不可能。

事实上，在辐射对称类中不但还可以看到目的专在呼吸的器官（通水性管或某种气管），而且更可观察到具有各种形态的、像某种卵巢的、职司生殖的特殊器官。这些在类似放射类的水螅类中，丝毫也看不到。不宁唯是，而且辐射对称类的肠管，一般也与所有之水螅类所具有的不同，非仅有一孔另一端不通这器官；在此等动物中，其常常位于里侧或下面的口，也显示着特殊的配置，与水螅类之一般的性质所表示者绝异。

虽然辐射对称类为非常特异的动物，而且我们现在所知的为数甚少，但其体制上所显示的各端，已明白的指示着著者所给予它们的位置。它们和蠕虫类相同，没有头、没有眼、没有具关节的肢脚、没有循环系，恐怕也没有神经。但因为在各种器官的配置中，形成放射状的形式在蠕虫类中是丝毫没有的，而且我们所看到的有这种关节形式的动物也开始于本类，故辐射对称类必然的应置于蠕虫类之后。

若我们认定辐射对称类不具神经，则此类动物亦当不具感觉能力，仅有刺戟反应能力。据观察活着的海盘车所得，知道虽然切断了它的足，也不会表示何等痛苦的举动；于此似足证明上述的推断为不错。

辐射对称类的多数纤维是可以判然区别的；对于这种纤维之冠以肌肉的名称，若果不承认肌肉可以不具神经而且没有机能的主张，恐怕无论谁都要反对。我们不是知道植物的纤维组织具有分析为纤维之可能性的例子么？但是此等纤维，谁也不承认是肌肉性的物质。只要根据上述识别纤维的理由，则一切此等生物，殊不能使著者设想为有肌肉的。著者以为凡没有神经存在的东西，也没有肌肉系统存在。这里有理由可以相信：在不具神经的动物中尚可看到的纤维，只有刺戟反应力代替肌肉运动力，虽然前者的能力不及后者的强。

辐射对称类中，不但使我们感觉到已经失去肌肉系统的存在，而且有性生殖的能力，也似乎已经失去了。事实上，此等动物之群集于一团，组成所谓卵巢的卵形小体，无论用何种方法，也不能证实其确为有受精可能的卵，就连有这种可能的暗示点也毫不存在。这种情形，在一切的个体上都可普遍的看到，故上述的可能性似乎更少。因为这个缘故，著者把此等卵形小体认为是已经完成的内生芽体，而位于特殊的局部上之集团，也就设想为自然为欲达到有性生殖之准备成功的手段了。

辐射对称类是证实动物体制之一般递降有力的一纲；到了这一纲，已距前述的各纲动物甚远，可以看到各部份及各器官的新配置和新形态；而且本纲动物已消失感觉、肌肉运动和有性生殖的能力；还可以看到消化管已没有二孔，也没有卵形小体的团块而体躯全部呈胶状的动物。

考 证

在水螅类和辐射对称类那样极不完全的动物中，液体运动的中心似乎尚存在于消化管内。这个中心，最初所设立的是在消化管内，而周围之微妙液体，专为了刺戟那包藏于此等动物中的或其固有的液体之运动，浸入时就经过该管。若没有外界刺戟，则植物的生活将如何？同样的，最不完全动物的生活若没有这个原动力，即若没有周围环境的热量和电，则将如何？

辐射形态之获得，乃是自然把这个手段最初在水螅类上作轻微的努力而以后在辐射对称类上作更大的努力的结果，已是不容怀疑的事。因为周围的微妙液体侵入消化管而扩散，自中心向周围的各方向作不断的反复压挤，于是各部份才形成放射状配置。

辐射对称类中的消化管，虽然大多数只具一孔，很不完全；

但它们具有脉管状或常呈树枝状之多数放射状的突出管；消化管构造之所以复杂，其原因即基于此。

又如水母及其他柔软的辐射对称类，其所以营不断的、等时性运动者，原因恐也在于此。这种运动，可以相信它是侵入于此等动物内部之微妙液体的量与在各部份扩散后排出体外之同一液体的量之间发生连续差异之结果的现象。

柔软的辐射对称类之等时性运动，不能断定为呼吸的结果。因为在脊椎动物以后，自然并没有把交互作吸入排出的等时性运动表示于任何动物的呼吸上过。辐射对称类的呼吸，无论其为何等形式，一定是极度缓慢的，不会伴有可以感知的运动的。

水螅类

本纲动物的体躯近于胶质，有再生能力；除单孔的消化管以外，不具何等特殊器官；位于体之一端的口，伴有作放射状配列的触手，或有纤毛的回旋性的器官。

至水螅类，我们已到了动物阶级中之最末一阶段的前一阶段，即已到了在动物界中必须设立之各纲中最后一纲的前一纲。

此等动物，可以看到极显然的、体制之不完全的状态以及单纯的状态。属于这一纲的动物，几乎已失去任何能力；在长时期中，曾引起我们是否具有动物性的疑问。

它们是营出芽生殖的动物；全体具同一性质；一般殆呈胶状；各部份有强大的再生力；仅有在口的周围之放射状触手呈

放射状形态（因为自然之表示这种形态，方在此等动物上发其端）；除只有一孔的、不完全的消化器官以外，不具其他任何特殊器官。

水螅类可说是远较前述各纲一切动物为不完全的动物；在此等动物中，脑、纵走神经索、神经、呼吸的特殊器官、液体循环的脉管以及生殖的卵巢，都不能看到。它们的体质是全体同一的、胶状的，由具刺戟反应力的细胞组织组成；在其组织内部，液体营着缓慢的运动。又它们的内脏已变成唯一的消化管，这个消化管很不完全，少折叠和突出物，通常像一个细长的囊，仅有一个唯一的兼任口和肛门之职务的孔。

如上所述，在看不到神经系、呼吸器官、肌肉及其他的动物中，虽然此等器官极度减少，但其效能还存在着；它们并不集中于特定的局部中，却在全体内扩散着、混融着，在全体的各分子中作同样的分布。结果，全体的各部份，都能表示各种感觉、肌肉运动、观念的意志及思想；可是正因为如此，这些效能都不具根柢。总之，可以说是一种不具根柢的、无切实根基的、浅薄的想象。若误以这种想象为真实，则水螅体躯之任何一点，都具有最完全动物的一切器官；于是水螅类体躯之任何一点，可说是能够见物、能够听音、能够闻香、能够辨味，甚至可以说水螅会意想、会下判断、会思考；换言之，水螅有推理能力了。于是又可以说水螅或其他一切水螅类体躯的每一分子都是每一个完全动物；而根据水螅本身之每一分子合具体制及能力这一点来说，则因为每一个分子相当于一个人的全体，竟可谓水螅是一种较人类更完全的动物了。

　　然则已知动物中最不完全的单虫（monade），当然也可以作同样的推论；甚至同样的具有生命的植物，也可以作这样的推论了；这么一来，对于植物的各分子，在相当于该分子所属之生物性质的限度内，也当赋予著者上述的一切能力了。

　　当然，这样的推论非引导我们获得研究自然诸结果的正途。反之，这个研究所告诉我们的，却是凡器官不存在的地方，属于该器官的能力也就同样不存在。一切不具眼睛或眼睛已被破坏的动物，看不见任何东西；虽然这样根究下去，则各种变态甚多的感觉都基源于触觉；但一切不具神经即感觉之特殊器官的生物，任何种类的感觉都不能感知。因为此等动物，既不具内在的感觉，也不具此种感觉所必须附属的中枢；结果，此等动物就不能感知他物。

　　所以接触的感觉是其他一切感觉的根基，在具有神经的动物体中，这种感觉几乎全部都扩布着；而在如水螅类等不具神经的动物体中，却已不存在。水螅类仅有局部的刺戟反应力；这种刺戟反应力已发达到极高的程度，不具上述的感觉能力，故其结果不具一切的感觉能力。事实上，每一感觉的存在，必须先有一个接受其感觉的器官（神经），其次，又必须有得以送达该感觉的某种中枢（脑或有脊纵走神经索）。

　　所谓感觉，是受到某种印象后立刻将它送达至形成印象感觉之内部中枢的结果。若接受印象的器官与形成感觉的中枢两者间失去了联络，则一切的感觉就立刻停止下来。这个原则，是绝对没有反对余地的。

无论那一种水螅类，实际上都不是卵生的；因为此等动物不具生殖上的特殊器官。真实的卵生生殖，不单要有该动物的卵巢，而且必须有该动物或同种之其他个体受精的特殊器官。可是无论是谁，都不能指示出水螅类之具有类乎此的器官。反之，水螅类中若干动物为繁殖而形成的芽体，却极为一般所熟知。若对此稍加注意，就可以明白此等发芽行为，其本身不外是从动物体作孤独的分裂，这种分裂可谓比较自然为欲使形成动物界最后纲之微生物繁殖而用的方式稍显复杂的方式。

水螅类因为显然只有刺戟反应力，故只能因外来的、异物的刺戟而运动。此等动物的运动，是受到印象后的必然结果；因为此等动物不能发生意志，其运动非由意志作用而起，所以其运动没有选择的可能。

光线也常能同样的使此等动物强制的引向物的方向，正和光线对植物的枝及叶或花所用的手段相同；虽然，这种现象是很缓慢的。无论那一种水螅类，不会追捕其食物或以触手将其搜索而获得之；但若有某种异物触到了它的手，则触手即能将其捕获，运诸口中，不问此种异物的性质是否适用于本体，一律将其吞下。若异物得以消化，则消化而营养其本体；若在消化管内不能将其消化，则暂时保留起来，终于将其全体排出。这种行为，与已经把一部份消化而将其余不能消化的残渣排泄出来是同样必然要做的，决不能任意选择而改变其行为。

水螅类与辐射对称类的区别，是最大的而且是最截然的。水螅类的内部构造，丝毫看不到形成放射状配置的显然的部份；只有它们的触手，具有显然不能当做与辐射对称类同一类的、与头足软体类之腕的配列相同的配列。而且，水螅类在体躯的上端有口；而辐射对称类的口，其位置也和水螅类不同。

对水螅类冠以其义为动物性植物（zoophyte）这个名称，是非常不当的事。因为它们完全是纯粹的动物，具有一般植物所不具的诸能力，即真实的反应刺戟能力及消化能力；又在它们的性质上，也没有植物性质之本质的东西。

水螅类与植物之间的类缘，可于下述各点看到：（一）相当接近之体制上的单纯化；（二）多数水螅类之相互混融着的、赖消化管联络着的形成群体的能力；（三）此等水螅类所合体构成之集团的外部形态，在多数情形下都会形成与植物相同的分枝。因为这些缘故，我们在一段极长的时间中把水螅类当作真实的植物。

水螅类之所以有一个或数个的口，就是水螅类具有消化管的缘故，因为这种口是消化管通路的末端；这些在一切的植物中都付诸阙如。

若哺乳类以降在各类动物中我们所看到的体制上的递降到处都很明了，则水螅类中明了的程度也有过之无不及，盖本类的体制已下降至极度的单纯化。

纤毛虫类

本纲动物极小；全体胶状透明，富有伸缩性；体内虽无特别显著的器官，但常有卵形芽体；外部既无放射状触手，亦无回旋性器官。

这里，我们遇到了动物界的最后一纲。本纲所包含的动物，无论从那一方面看，都是最不完全的动物，即具有最单纯的体制、最小的能力而只呈一切动物性之真实原基型的动物。

以前著者曾将此等小动物归纳于水螅类中；因为此等动物之全体不具特有的固定的形态，故冠以无定形水螅类之名而作为水螅类的最末一目。但以后著者认为有将此等动物从水螅类中分开而作为特殊一纲的必要。虽然，这样一来，著者当时对此等动物所给予的列位，依然没有起什么变更。这个变更所引起的唯一结果，不过形成一条此等动物之最大单纯性及不具放射状触手和回旋性器官各点所要求的分划线而已。

纤毛虫类的体制，在构成本纲的属上更为单纯。此等属的最终动物，表示着动物性的界限；换句话说，此等动物至少表示着我们得以到达的界限。尤其在本纲的第二目动物中，消化管及口的一切痕迹已经全然消失，任何的特殊器官已不存在，略言之，此等动物已经没有消化的行为。这是可以断定的。

它们不过是非常小的胶状动物；全体透明，具伸缩性，为同一物质由近于不稠密的细胞组织所组成；而在全体的各点上，却具有刺戟反应性。此等小生物，看来不过是一些有生命的即运动着的小点，因外物之吸收及连续之渗透而摄得其营养物；而此等动物之所以具有生命，可说是全由如刺戟构成其生存之运动的热量及电等周围之微妙液体的影响而致。

　　若对于此等动物我们还以为它们具有其他完全动物的一切器官，这些器官融合于体躯的各部份之中，则这样的想头未免太无稽了。

　　事实上，在此等小形胶状生物的各部份中，其极度微弱、几乎等于零的稠密性，已明示着此等器官存在的不可能；因为在这里，此等机能已经不能发挥它的作用。这是很容易明白的：若某种器官要具有反应于液体而发挥该器官特有机能的能力，则各部份之液体必须具有相当于该能力的稠密性和强韧性。然而这样的情形，在此处所述那样脆弱的微生物中，却不能于想象中得之。在本纲动物中，有一种特有的情形，即自然能够实行自然生成（générations spontaneés）即直接生成的方法，而在环境约束有利的情况下，这种方法更能反复实行。基于这种产生滴虫类方法，自然经过一段极长的时间以后，才获得间接产生我们所知之其他各纲动物的手段。这件事拟在以后再述。

　　正因为纤毛虫类或此等动物之大部份，其存在专赖于自然生成，故此等脆弱的动物之因不良季节温度下降而悉数灭绝的事实，恰好与上述的情形相吻合。同时，所谓如此脆弱的生物能够留下某种具有充分稠密性的芽体而待至温暖的季节繁殖起来，也确是非想象所许的事。

　　纤毛虫类可于停滞的死水中、植物或动物物质的浸液中乃至最完全动物的精液中看得之。世界上不论何处，都可以看到同一的该类动物，但仅限于可以形成此等动物的环境约束内。

　　这样，著者已经把动物体制的各种形式逐次从最复杂的动物开始而迄最单纯的动物为止考察一过。同时也已经把动物体制之递降从包括最完全动物的纲开始，在不断的伴有因各种环境约束而发生的异常形态之下，逐纲顺序而进，直到最后的纤毛虫类，叙述了一遍。纤毛虫类是最不完全的而且在体制上是单纯的动物，它们的体制是单纯的、同一物质的、胶状而几乎不具稠密性的，仅由不具特殊器官、几乎连基本型也不具而非常脆弱的细胞组织所组成，赖不绝的侵入于该处及自该处放出之微妙的围绕液体而生存着。因此，在我们逐步追迹的递降上，它们实在是到达递降之最终界限的动物。

我们已经看到：每一个特殊器官，即使是最根本的器官，当逐次追迹下来的时候，都逐渐变成非特殊的、非独立的；终于，远在我们到达所追迹之次序的另一端以前，完全失去了它们的存在。而且我们知道，看到此等特殊器官的消灭的，主要的都在无脊椎动物中。

实际上虽然在未越脊椎动物的界限以前，也已经看得到诸器官完全程度的显著变化；有几种器官，例如：膀胱、横隔膜、发声器官、眉等，早已完全消失了。具体的说，呼吸上为最完成的器官肺脏，在爬虫类中开始退化；至鱼类即失去存在；以后在任何种的无脊椎动物中，都不复现。至于骨格，其附属肢虽为大部份脊椎动物所有之四肢的根基，但在爬虫类中，附属肢已开始萎缩，至鱼类乃完全告终。

但是心脏、脑髓、鳃、集合腺、循环上特有的脉管、听官、视官、有性生殖乃至感觉的器官及运动，我们看到它们消失的，却都在无脊椎动物的领域中。

如前所述，在水螅类例如水螅或该纲的大部份动物中，虽欲求得神经（感觉的器官）或肌肉（运动的器官）的丝毫痕迹，亦为徒费心力的事；一切的水螅类，只单独的以极显著程度的刺戟反应力代替着感觉能力和意志的运动能力。即此等动物，因不具基本器官，感觉是不可能的；又一切的意志原为智能器官的作用，而此等动物也绝对不具，因此意志的运动能力也付阙如。此等动物的运动，为具有刺戟反应力部份受到印象即外来刺戟的必然结果，故在运动之际，是不能任意选择的。

试以水螅一匹置于容水的杯中，复置此杯于日光仅于一窗通入的室中，使光线仅能自一个方向射入。于是我们可以看到：在水螅附着于容器壁面的一点时，若旋转其容器，使光线自该动物附着点的反对一方射入，则水螅即以缓慢的运动移行至光线射入的一方；但若不将容器移动，水螅就静止于原来的一点。像这样水螅运动不因何等意志作用而至光线射入方向的情形，在植物的诸局部中，也可以观察得到。

当然，凡某种特殊器官已经失去存在的动物体，同时这个动物体也就不具该器官所有的能力；不但如此，而且若某器官退化而不显著，则该器官所有能力之以同一比例退步而成为不完全的事，也可以明显看到。若自最复杂的动物开始向最单纯的动物追究，就可以看到昆虫类是具眼的最终动物，而昆虫类所看到的对象却非常朦胧，而且我们可以断定，它们的眼睛，其用途一定不大。

所以，如果把动物的链条从最完全的以迄最不完全的逐个检阅起来，并将分布于该链条全局而可以判别的诸般形式逐次考察起来，则体制上的递降以及至完全消失为止的各器官递降，当然是一个我们于此处得以实证其存在的确切事实。

这个递降，甚至在动物中本质的液体及肉体的性质和稠密度上，也显示着。盖哺乳类及鸟类的肉体和血液，都是以动物之柔软部份造成的、具有最复杂及最高程度动物性的物质。此等物质在鱼类以下，即作累进的退化；故在柔软的辐射对称类、水螅类尤其是纤毛虫类中，其根本的液体之稠密度及色泽，都仅能与水相等；而此等动物的肉体，也都仅能与殆无动物性的胶质相等。以这种肉体作成的菜肴，恐怕对人类是不会有什么营养的，而且也没有什么效力的。

无论我们认识此等有兴味的真理与否，若把事实作忠实的观察，摒弃一切流行的臆测，来检考自然的诸现象，则研究这个法则及这个继续不断的步骤的人，其所到达的，必为上述的真理。

于是，我们又要移到他种考察上，把栖息环境的约束对于动物行为的大影响以及因此等影响之结果而致之某器官使用的增加持续或使用的废止为变更动物体制及形态的原因，亦为在动物体制构成的累进上发生得以观察之异常情形的原因加以证述。

第七章 论环境约束对于动物行为和习性的影响，以及此等生物的行为和习性使生物体制和各部份发生变更的影响

各种环境如何影响动物的体制状态、全体及局部的形态？栖息环境、生活方式及其他各种变化如何使动物的行为发生变化？又动物某部份器官之频繁使用如何使该器官作此例的发达增大？反之，某部份器官不常使用或完全不用，则如何使该器官不发达、缩小而卒归消失？

此处所述的并非理论，而为确切的事实；这事实较世人所假想的更为普遍，却一向并不受人相当注意；这一点，当然是因为在大多数情形中要认识它是非常困难的缘故。这个事实，是关于环境约束对于被置于该种环境约束下之各种生物体的影响方面的。

真实的说，我们体制的各种状态对于我们的性格、倾向、行为乃至思想的影响，虽然早就有人留心观察；可是我们的行为及习性对于我们体制本身的影响，却从未有一人看到过，我想。因为此等行为及习性，完全被我们日常生活于该处的环境约束所左

右，故著者很想把此等环境约束对于于生物体的普遍形态、诸部份的状态，甚至于它的体制的影响究有多大，加以证明。故本章的问题，是极为实证的事实。

如果我们在多数机会里，不能明了看到把若干生物移置于与原来此等生物所生存之环境约束大异的环境约束中其环境约束对于此等生物的影响；又若此等结果的作用和变化不能为我们亲眼看到，则此处所述的重大事实，我们当永久不会知道。

事实上环境约束的影响，虽然不论何时不论何地都在对有生命的生物发生着作用；但我们要认识这个影响，却很困难；因为我们之感知它的作用或认识它的作用（尤以动物为甚），都是经过一段极长的时间的。

在还未叙述、检考这个值得我们注意而在动物哲学上亦为极重要之事实的诸证之前，先把开始检考之考察的路径来回溯一下。

我们在上章已经说过，若把动物阶级照与自然次序相反的顺序考察起来，则可以看到位于组成该阶级之诸集团间的：在此等集团所包含之动物体制上持续着的但为不规则的递降、在此等生物之体制中作递加之单纯化的现象以及此等生物的能力，在与顺序相应作正比例之数的减少，在今日已为一件不可争的事实。

这个已被充分承认的事实，虽然在自然所留下的、创造一切动物时所经过的顺序上，投下了最强烈的光明，但它并没有示知我们，为什么当动物体制从最不完全的动物至最完全的动物增加其构成的复杂程度之际，仅表示了不规则的阶级？为什么在不规则阶级的中间，显示着多数异常或偏倚的情形？在其多样性上，也不能认为有何等次序？

当我们探讨这个在动物体制构成之复杂化中特异的不规则性之理由时，若把地球上各处之无限多样的环境约束对于此等动物的普遍形态及其体制的各部份所影响的结果考察起来，则一切的疑问就得到了明白的说明。

今日我们在一切动物上所见的状态，一方面为有形成正规阶级之倾向的体制上构成复杂化的结果；他方面又为多数非常不同之环境约束的影响的结果；这许多环境约束，都有不绝破坏体制上构成之复杂化阶级的规则性的倾向。这是很明白的事。

在这里，著者必须阐明所谓各种环境对于动物之形态及体制的影响一语所具的意义，即所谓环境约束若非常不同，则因与时俱增的比例的变更，对于形态和体制二者都会使之发生变化的话，含有什么意义。

当然，若把这句话照字义来解释，则世人也许会以为著者是错了。因为环境约束，无论其为何物，它的任何变更都不能直接作用于动物的形态及体制上的。

但环境约束中的大变化，对于动物也带来了其必要（besoins）上的大变化；而这个必要上的变化，在动物的行为上又必然的带来了大变化。如果新的必要成为恒常的或永续的必要，则其时动物就形成了新的习性（habitudes）；这个习性，也就具有与发生其本身的必要同程度的永续性。这一点是不难证明的，而且不需要何等说明，就可理解。

因此，某一环境约束的大变化，若在某种动物中成为恒常的变化，就会导出此等动物之新的习性，是很明白的事。

若新的环境约束在某种动物中成为恒久的，在此等动物中导出了新的习性；换言之，若已将此等动物导引至成为习性之新的行为，则其结果，就会使某部份的使用次数超过其他部份以上，又在某种情形中，会使不必要的某部份完全不用。

上述的事，丝毫不能认为是假说或特殊的私见；反之，它却是一个真理；若要明了这个真理，只要加以相当的注意和事实的观察就成。

引用以下可作为左证的各项已知事实，一方面叙述所谓新的必要使某部份成为非常重要，因连续的努力，实际上产生了该部份，以后因持续的将其使用，逐渐使该部份强大发达，最后把它发达至非常的大；他方面再叙述在某种情形下新的环境约束及新的必要会使某部份成为全非必要，于是该部份完全不被使用，因之该部份逐渐减少如该动物其他部份所获得的发达，逐渐瘦削起来，缩小起来，最后，经过了非常长时期的完全不被使用，该部份终至消失。一切此等事实，都极确实，故著者预备对此加以最确切的证据。

对于不存在何等行为，从而严密意味的习性也不具的植物，环境约束的大变化，也同样的会在其各部份的发达上带来了大差异，而且此等差异，也会发生诸局部中的某物，且使之发达；同时又会使其他的若干部份萎缩而消失。但在植物中，引起此等变化的原因，以营养它的吸收及其放散植物日常所受到的热光、空气及温度的量和若干生活运动为最早，其他原因则较迟。

若把同一种个体中的某部份，连续的予以良好的营养，置于能使其一切发达的良好环境约束中，反之，将其他部份置于反对的环境中，然后加以观察，则我们就可以看到两者之间的个体状态发生了一种差异，而且这种差异会逐渐显著起来。确立这个考察之根基的例子，无论在植物方面或动物方面，都是不胜枚举。如果环境约束继续着同一状态，使营养的恶劣、各种障碍或瘦瘠状态变成了平常的而且恒久的，则其内部体制终将因之而受到变更；而这个上述个体间的后继者，一方面又保存着获得的变化，故其结果，终至发生了一个新的种类，这新的种类，当然与见诸于适合个体自身发达之良好环境约束中的生物有极判然的区别。

春季中，如天气干燥，则牧场的草就因之而颇难发育，变成瘦瘠而贫弱，结果，虽并不充分发育，也就开花结实。

但若因某种原因，对于此等植物的不利环境永续下去，则此等植物就会与继续的时间相比例而发生变化；最初发生变化的是植物的容姿即全体的形态，其次是植物诸性质的若干特殊性。

例如上例所举之牧场的某种草或某种种籽，将其移置至高地之干燥的、贫瘠的、多石的而且常有狂风吹刮的草地上，于该处出芽生长，则能生长于该处的植物常因营养不足，而且因繁殖于该处的个体继续生存于这样恶劣的环境约束中，结果与生存于牧场中之原来植物全然不同，产生了一个与原来植物迥异的种类。这个新种类的个体，有小而瘦的各部份，而其器官之某部份却又较其他器官为发达，显示着特殊的比例。

每一个曾作多次观察而且检考过许多搜集物的人，对于这样的事，都会确认。即随着栖息地、地势、气候、食物、生活形式等环境约束的变化，在动物身上之身长、形态、各部份间的比例、色彩、形质、轻捷性以及技能上的诸特性，也因之而发生与上项变化相比例的变化。

自然费了许多岁月所做成的事，在我们每日都可做成；因为对于此等生育着的植物，我们可以突然的把此等植物及其种之一切个体的环境约束加以改变。

凡是植物学者，恐怕谁都知道从原产地移植至庭园中加以培养的植物，都会在庭园中逐渐受到变化，终于使此等植物变化至不能识别的程度。多数在自然状态中有许多纤毛的植物，一经植于庭园中，纤毛就没有了，或者近乎没有。多数本来为卧伏的而匍匐着的植物，到了庭园中，就可以看到直立起来的姿态。其他植物，在庭园中失去刺针或粗糙性；又有其他植物，虽在原来栖息的炎热气候中，其枝干显示着木质的、鲜丽的状态，但在法国的气候中，多数就变成草质状态，成了仅为一年生的植物。而且各部份的大小，其本身也受到莫大的变化。此等环境约束之变化的作用，已普遍的被世人所认识。因此植物学者们除了是新近栽培的植物，都以为司空见惯，不喜把庭园的植物加以记述。

栽培着的小麦（triticum sativum），不是因人力而成为我们现在新看到那样状态的小麦么？这样的植物，其自然繁殖的地方即非栽培结果而为自然孳生该植物的国家究在何处？有人能说得出来么？

我们在何处发现与我们菜园中之情形相同的、自然所繁殖的甘蓝、莴苣及其他？多数因饲育而致变化或遭受非常变更的动物，其情形岂非与上述的植物相同？

我们的鸡和家鸽，由于各种不同的环境约束以及各国的饲育，已经得到无数绝异的种类；像这些种类，苟欲求诸于自然，可说是徒劳无功的事。

有几种动物，虽然饲育的历史并不很久，因未曾置于相异的气候内生活过，致所受的变化并不多；但在其诸部份中之某部份的状态中，也已显示着由于此等动物所获得习性而致的相当差异。因此我们的家鸭和鹅，虽然还具有野鸭野鹅的体型，但此等被人饲育的鸟类，早已失去在空中作高度飞翔、飞越广大国境的能力；而且它们的各部份，若与原始种类的各部份比较起来，在其状态上也发生着切实的变化。

把生活于我们地带中的鸟捉住，因于笼中而饲育之，则此等的鸟如在五六年中继续生活于此处，以后即使将其放归自然，即恢复其自由，也会呈现已经不能如常在自由中之同伴那样飞行的状态；这是一般所周知的事。作用于此等个体的些微的环境约束的变化，实际上的确仅仅减少它们的飞翔能力，而在其各部份的形态上，却并没有发生何等变化。但是，若同一种类的个体，于数代间连续的长期的被囚起来，则此等个体各部份形态本身，也会逐渐受到显著的变化，这已经毋庸置疑。对于此等个体，如除去单调的持续的饲育，代以环境约束，同时又伴以不同的气候之变化，使此等个体因日积月累之捕食种类不同的食物而熟练某种不通的行为，则此等积集的、恒常的环境约束，当更能于不知不觉之间形成一个完全具有特殊性质的新种类。

在今日，我们在何处可以看到自然状态下有这许多种类之犬？由于我们驯养此等动物的结果，才有今日我们所见那样的情形。如哈叭狗（dogues）、灵缇（lévriers）、水獢（barbets）、獢（épagneuls）、膝犬（bichons）等等显示着与我们所见于生活在自由中之同一属动物的种相互间有大差异的种类，在自然界中，何处可以见到？

最初之犬的唯一种类，在当时即使不是具真正狼型的动物，也当为与狼非常相接近的种类，而在某一段时期中经人类驯养过的，这也是毋庸置疑的事。当时，这个于个体间并不显示何等差异的种类，逐渐随着人类分散至气候不同的各国，经过了某一段时期之后，此等个体就受到栖息地域及各国中所获得之习性的影响，现出其显著的变化而形成各种特殊的种类。那些为了经商或其他目的而作远距离迁移的人类，因把原来在极远的国家中所形成的各种犬，也迁移至如大都市等人口非常稠密的地域中；于是此等种类，因杂交的结果，于累积世代中逐次产生了如我们今日所知那样的一切种类。

下述的事实，证实着植物上环境约束的变化如何影响至此等生物的各部份而使之发生变化，以见环境约束的变化之重要。

梅花藻（Ranunculus aquatilis）若长期沉沉潜于水中，则其叶都会细裂，形成丝状；但若该植物的茎达于水面，则在空气中发育的叶，就呈广阔的圆形，仅有简单的分裂，若同一植物的根不浸于水，能生长于仅为潮湿的土地中，则其茎短，其叶均不作丝状细裂；植物学者对此，就以为是另一种植物，称为Ranunculus hederaceus。①

在动物上，其惯常所生活之环境约束的广大变化，对于动物的各部份也无疑的会使之发生同样的变化。不过在动物上，其变化较在植物上远为缓慢，故我们很难看到它的结果，同时要认识它的原因，也不很容易。

在这种使生物诸器官发生变化之强力的环境约束上，其影响最大的，当然是此等生物所栖息之环境约束的多样性一点；但除此以外，在该种作用上还有其他许多能予以显著影响的原因。

一般都知道：所谓地域的差异是因其位置、构成及气候不同而异其性及质的，这只要把根据性状而区别的各种地域一加检阅，就很易明了。同时，这也是一个所以会使栖息于不同地域之动物发生变化的原因。但此处有一件尚未为我们充分知道而且未能使一般相信的事，即每一地域的本身，其地势、气候、性质在随着时间而变化着，而且它们的变化，从与我们生存其间的关系来说，正如我们把这三方面认为是完全安定着那样的，显示着极度的缓慢。

虽然，不论是在两者的那一种情形之下，此等变化后的地域，会使包围栖息于该处之生物的环境约束发生与其本身变化相

---

① ［校注］Ranunculus 为拉丁语，意为"小青蛙"，这是毛茛属的属名，这些植物通常生长在潮湿地区，类似于青蛙的栖息环境。hederaceus源于拉丁语hedera（常春藤），意为"像常春藤的"或"与常春藤相关的"，用以描述该植物叶子的形状类似常春藤的叶子。

比例的变化；而受到此等变化后的环境约束，也会对此等同一生物予以不同的诸影响的。

因此我们知道：在此等变化中，苟有此两极端存在，同时就有推移的阶段即存在于两极端中间、填满其间隙的阶段之存在。结果，在区别我们称为种（espèce）的差异中，也同样的有推移的阶段存在着了。

所以地球的全表面，在占据着各个地点之物质的性质及状态中，显示着多样的环境约束；而由这些多样的环境约束所发生的动物之形态及各部份的多样性，与因各动物体制构成之累进的结果必然而致之特殊的多样性相互对立，到处有关。这是很明显的事。

在动物得以栖息之各地域中的、于该处设立各物之秩序的环境约束，以同一的姿态持续于极长的时期中，同时，又以非人类所能直接看出那样缓慢的速度，在逐渐发生着切实的变化。为了要认识此等每一地域中所看到的各物秩序并非恒常不变，理解此等秩序虽在将来也还当有变化，我们非把许多的遗迹加以检阅不可。

因为这个缘故，所以生活于此等各地域之诸种类的动物，其习性也于同样长的时期中被维持着，而被我们称为种的种类，在我们短时间中看来，就成为不变的了。即在我们的心里所以会发生所谓种类与自然同古的观念，且对此加以永久的信仰，其原因盖在此。

但是在得以栖息之地面上的各个不同部份中，地域及气候的性质和状态，无论对于动物或对于植物，都同样的显示着具有一切程度不等之差异的环境约束。因此，栖息于此等地域的诸动物，其所以会发生相互间的差异，不仅是由于各种动物之体制上的构成状态不同，而且还由于各种类个体因上述环境约束之强迫而获得的习性不同。故观察深刻的博物家，若将地球表面的诸大区域加以一度巡阅，则除目睹了一次环境约束的显著变化外，同时还认识了种是常跟着它的变化而变化其诸特性的。

总之，在上述的一切事实中，有下述几项应该注意考察的真实原则：

一、由各动物种类上所看到之环境约束而致的、颇显著而且恒久持续着的一切变化，在该种类的必要上，发生着真实的变化。

二、在动物之必要上的一切变化，对于此等动物，为欲满足其新的必要，必需别的各种行为；结果，又必需别的习性。

三、一切之新的必要，因为必需满足其本身的新行为；故在感到这些必要的动物体中，或者要求使用程度并不甚高之各部份的某部份作更频繁的使用，使该部份发达而作显著的扩大；或者要求这个必要于不识不知之间因动物内部感觉之努力而产生新的部份的使用。这一点，著者将于不久以后以已知的事实加以证明。

因此，若要知道已知动物对我们所示的那些例那样的许多形态及许多不同的习性之真因，就必须省察：各种类动物相继遭遇到的、无限多的但变化却极慢的诸环境约束，其对于此等动物的各个体，会诱发新的必要，而且必然会连带的使其习性发生变化。若一经承认这个毫无异议余地的真理，则我们如要理解新的要求如何得到满足以及新的习性如何获得，就只要把常可由观察证实的以下二个法则加以注意就成：

第一法则

在一切不超越其发达界限的动物中，某种器官之比较频繁而且持续的使用，会逐渐使该器官强壮起来、发达起来、扩大起来，而且对该器官予以与其使用期相正比的能力；反之，某器官之永续的不用，则于不识不知之间，能使该器官衰弱、缩小，累进的减杀其能力，而终于使该器官完全消失。

第二法则

这些种类，由于长时期受生活地域之环境约束的影响，以致某部份器官特别常用，某部份器官恒常不用；影响所至，自然就使种的个体获得某部份器官或损失某部份器官。这一种自然所具有的变化，对于动物，不论雌雄，都是一样的，对于新生的个体亦然，因此新生的个体，累积世代的存续着上代的特质。

这是两个屹立不拔的真理。这两个真理，是只有那些从未观察或追迹自然之诸作用的人们，或那些自认要把著者驳击为谬误的人们所轻轻放过的。

博物学者都以为，动物之诸部份的形态常与此等部份的使用程度相关联，诸部份的形状和状态，都能决定使用程度的高低。但这是一个错误，因为这是很容易根据观察来证明的。事实上恰好相反，使诸部份发达、某部份不存在的时候，使之产生从而使之形成如我们在各动物上所见那样的状态的，都是诸部份的必要和使用为其主动的原因。

如果上述的话是错的，则自然在动物的诸部份上，必须遵从此等动物生活环境之约束的多样性的要求，尽量创造各种形态，而且此等形态和此等环境约束，都必须同样的没有变化。

现存各物的次序关系，的确并非如此；如实际上它的次序关系确系如此，则具有像英国赛跑的马那样形状的马就不会有，体躯极重、与前者绝异的大形驮马也不会有，因为自然没有产生过这样形态的动物。同理，我们不会有曲足的某种猎犬，奔跑极敏捷的灵缇、水獭等犬，不会有无尾鸡、扇尾鸽等；而且尽可以依照着我们的希望，在我们庭园的沃土中长期耕种野生植物，不必担心它会发生变化。

关于这一点，自古就有一个真实的主张；这主张至今已成为格言，为任何人所知道，即"习惯形成第二天性"（les habitudes forment une seconde nature）。

如果各动物的习性和性质决不发生变化是确切不移的事，则这个格言当然是错的，决不可能的，而且不能适用于它所指示的状态。

假使把上述的事认真的考察起来，就可以明白著者在著述题为关于《生物体的研究》（505页）一书时所设的下列命题，实在是立脚于真正的理由上的。

不是器官——即该动物体各部份的性质及形态——产生

动物的习性及其诸特殊能力，反之，却是该动物之因累积世代所遭遇的环境约束而致的习性及其生活形式，随着时间的进行而构成了该动物体的形态、诸器官的数量及其状态，以及该动物所享有的能力。

若把上述的命题仔细的加以考虑，并且把它与自然和诸物状态不绝在我们面前所表示的观察加以联系的比较，就可以知道这个命题的重要性和坚实性是被实证在最高的程度上。

正如著者在上面所述，时间和良好的环境约束，是二个自然为造成一切生成物所用的主要手段；谁都知道时间之对于自然，是没有何等限制的，故自然得以任意使用不论多少的时间。

自然在必要上为了要使继续生存着的一切生物发生变化，其恒常所使用的环境约束，也可说是无穷尽的。

从这些主要手段产生出下列许多影响；即：气候的影响，大气之各种温度及一切围绕环境的影响，地域及其状况之多样性的影响，习性、普通运动及频繁行为的影响，以及保存自己之手段、生活、防御、繁殖等手段的影响。

由于上述各种影响的结果，能力则因使用次数之增加而扩大、而强固，因长期持续之新的习性而发生各种变化，适合、坚固等，简言之，即各部份及各器官的性质和状态，也由于此等影响的结果，因生殖而于不识不知之间而被保存下来，遗传下来。

这个不外为上述二项法则之结果的真理，包括一切的例子，根据事实而被显著的确证着。这些事实，明了的表示着生成物之多样性的自然过程。

　　但我们还不满于有被认为是假设之虞的概说，试来直接检考事实，把这样的情形来考察一番。即：在动物中，由于各种类不得不获得的习性之故，致各器官的恒常使用或不用对于此等器官本身常有相当的影响。

　　现在著者先来证述这件事：某器官继续不用，最初是减少能力，其次是器官逐渐缩小；若该器官在同一种类的动物中累积世代的长期继续不用，则在该动物体中终于不能看到或至于消灭。

　　接着著者拟加以证述的是：在反对方面，于未达到诸能力之减少的限度以前，一切动物器官之使用的习性，不但能使该器官的诸能力臻于完全而且增大，而且能使它获得发达的能力和形状，从而于不识不知之间改变了该器官；因而这个习性，随着时间的递进把该器官造成与在极少使用之动物上所观察到的同一器官差异极大的器官。

　　某器官的不用，能因获得的习性而具有恒常性，于是逐渐缩小其器官，终于使人不能认得其存在或竟至于消灭。

　　上述的命题，因为要有证据方能得到承认，单凭记述是不能得到首肯的，因此，我们试来引用那些实证其根柢的、主要的已知事实，把它加以明证。

　　脊椎动物，虽在其各部份中表示着显著的多样性，但其体制的规律，却几乎都是同一的，都有具齿的颚。不过在此等动物中，有些因环境约束之故而具有不先把捕获物加以咀嚼而直接咽下之习性的动物，我们可以看到其齿并不如何发达，因此这些齿牙不显现于外部而隐没于颚的骨板间，或甚至连痕迹也完全消失。

虽然一般相信鲸是完全没有齿的，但圣伊莱尔却看到在该动物胎儿的颚上有齿隐藏着。而且他还看到鸟类口中可以生齿之位置的细沟，虽然于该处看不到齿。

固然哺乳类是最完全的动物，具有成就至最高程度之脊椎的体制规律，可是就在哺乳类本身的一群中，不仅是鲸鱼已不使用齿牙，而且可以视作同例的食蚁兽（myrmecophaga），也可以看到它的种类中，很早就获得不作任何咀嚼的习性，而且把这个习性保存下来了。

头部的两眼是各种动物最普遍的固有器官，而且根本形成着脊椎动物之体制规律的一部份。

但在习性上需用视觉之机会极少的鼹鼠，却只有非常小而且几乎看不明白的两眼。

像鼹鼠那像栖息于地下而较鼹鼠更少生活于阳光中的、奥利维耶（Olivier）的鼹形鼠（Asplax），[①]完全不用视觉。因此该种动物，只有视觉位置之器官的痕迹，而且此等痕迹，完全隐没于被掩覆的皮肤之下及其他若干部份之下，连微弱的光线也不能感受。

在水栖爬虫类中，一切类缘与鲵鱼相近的洞螈（protée），因为栖息于水底深暗的洞窟中，臻与鼹形鼠相同，只有视官的痕迹，而它的痕迹，也同样的被掩覆着、被隐蔽着。

---

① ［原注］《埃及及波斯纪行》（*Voyage en Egypte et en Perse*），II, pl. 28, f. 2.［译注］是一种盲鼠，现今的学名为鼹形鼠（Spalax）。

　　此处，关于著者所正在论究的问题上，揭示以下一个决定的考察。

　　光线不能到处射入。因此，日常生活于光线不能射到之地点的动物，虽然自然使此等动物具有视官，却没有使用视官的机会。原来属于必然须将眼睛加入之体制规律的动物，应该开始就具眼睛。但在此等动物中，因其器官没有使用的机会，而且只有已被隐蔽、掩覆的痕迹，故此处所述之器官的缩小和消失乃系该器官继续不用的结果，是一件很明显的事。

　　听官却决不和眼相同，其器官常可于体制的性质应具有该器官的动物中看到，这是可以用事实来证明的。理由如下：

　　音响传播物质（matiére du son）① 即因物体之冲击或振动而振

---

　　① ［原注］物理学者都这样想，甚至这样确言：大气的空气是固有的音响传播物质。即因物质之冲击或振动，而将受得之振动的印象传至听器的物质。

　　这是错的。所谓凡发音物质实际所能侵入的地方空气也能侵入的话是不可能的，这一点可以由多数的已知事实来证明。请参看著者举出这个误谬之证据的拙著《海洋地质学》（*Hydrogeologie*）卷末 225 页所述关于音响传播物质的文字。

　　自从著者之极少被人引用的记述发表以来，为了要使空气中音响传达的已知速度与在使其振动的传播和其速度相等一点上过度迟缓之空气各部的弹性相适合，曾费过非常的努力。而因为空气常振动之际其各部份必须显示交替的压缩和膨胀，故一定要依赖空气急激压缩时所排出之热的力和空气稀薄时所吸收之热的力。几何学者即以此等力的结果及其根据适当之假说而决定的量为材料，来说明音响在空中所传播的速度。但这与音响通过物体而被传达的事实并不一致；盖物体既不容空气通过，也不容空气将其振动。

　　事实上所谓坚固物质之最小部份会振动的想象，其振动是很可疑的；而且振动因仅能传达至等质、同一密度的物体内，从密度高的物体至密度低的物体或从该物体至密度更高的物体，就不能通行无阻。故音响传播经过一切非等质、密度不一致的而且性质各异的物体这个假设，是没有周知的事实可以说明的。

动，而将受得之印象传播至听器的物质，是能够到处侵入的，甚至连一切的任何环境及密度最高之物体的集块，也能通过。因此，一切具有把听觉作为本质而加入之体制规律的动物，无论栖息于何处，都常有使用其器官的机会。所以在脊椎动物中，看不到不具听官的动物；而在该纲动物以后，该种器官已至末路，就不能发见于任何动物体上。

视官却不同。因为这种器官，是随动物之能否将其使用而消失、而再现、而终于消失的。

在无头软体类中，因此等软体类外套之异常发达，致其眼或甚至连它的头部都变成了不必要的器官。虽然此等器官为软体类应行具备之体制规律的一部份，但因不断的停止使用，不得不趋于不能辨认而消灭的境况中。

又在爬虫类的体制规律中应具有附于骨格的四肢，这一点也和其他脊椎动物一样，为其体制规律的一部份；所以蛇也应该有四肢。蛇类非在爬虫类各目中的最后位置上，且较鱼类更近于蛙类（蛙、鲵鱼等），因之尤应具有四肢。

但是蛇因具有匍匐地上及隐蔽草下的习性，为了要通过狭的地方，常将其体躯延长；由于这一种反复努力的结果，其体躯获得了与其粗的程度毫不相称之极度的长。而四肢因在此等动物上成为毫无必要的器官，故结果就不被使用。因为很长的四肢，在匍匐的动作上可说是累赘物；而极短的肢脚，又因不能具有四个以上，也不能推动身体；于是此等部份之不被使用，在此等动物之各种类中成为恒常的情形；纵然在实际上该类动物的体制规律中，此等部份是不可少的，也不得不完全消失了。

多数因其目及属之自然的特质而应具有翅的昆虫，由于不用的结果，其翅也作程度不等的消失。在鞘翅类、直翅类、膜翅类、半翅类等动物中，可以看到多数的例子。这是因为此等动物的习性并未在使用翅的状态中之故。

但是各种动物器官的状态即常可看到之同一种动物上的同一状态，并不能充分说明其本身所产生的原因；此外，对于因该种个体在特殊原因中发生大变化的结果以致同一个体于一生中在其器官上受到变化，也有提出的必要。下面最显著的事实，足以证明诸习性对于器官的影响及在某个体之习性中所持续的变化对于当此等习性存在时被活泼使用之诸器官的状态发生如何的影响。

研究院会员特农（Tenon）曾对学界发表：据检查若干一生的大部份饮酒过度者的肠所得的结果，与普通没有这种习惯的人之同一器官比较起来，发见前者的器官短至很显著的程度。

著名的饮酒者或沉溺于酒的人们，所食的固体食物极少；除了酒，几乎不食任何食物；而其多量的而且频繁的所饮入的酒，足以营养他们的一切；这是一般都知道的事。

不过流动食物，其中尤以酒性饮料之对于胃或肠，因为都在这些地方不作长时间的逗留的，故胃及其以下的消化管，在上述饮酒者的体内就失去扩张的习性；正如那些蛰居斗室而从事于精神工作、惯于食用极少量之食物的人们一样。因此在一段极长的时期中，胃逐渐缩小起来，而消化管也逐渐缩短起来了。

上述的缩短，并不是因该器官之皱缩而致的现象，即若此等内脏不让其继续空虚而偶然填以食物即能呈普通大小的形状所呈现的收缩或短缩，而是真实的显著的收缩或缩短。此等器官的性质是这样的：若突然遭遇到要求扩大至普通大小的情形时，就不能随意扩大而适应这个要求，只能破裂了事。

　　在年龄完全相等的条件之下，如果把为了从事于使消化发生困难的研究及精神劳动之故而养成食用极少量食物之习惯的人，与日常多运动、不时行路、饭食充分的人比较起来，观察起来，则知前者的胃几乎已经失去它的能力，只要以极少量的食物，就可以填满那个胃；反之，后者的胃却维持它的一切能力，甚或增加着它的能力。

　　这就是一种这样的器官：在个体的一生中，由于所谓习惯之一种变化的唯一原因，就会在该器官之形状大小及诸能力上发生绝大的变更。

　　器官之频繁使用，若因习性而具有恒常性，则该器官的一切能力就会增大起来，器官的本身就会发达起来；而且该器官还能够获得在使用该器官次数较少之动物上所看不到的形状大小及行动能力。

　　不使用应该存在的器官，结果能使该器官发生变更、缩小，而终至于消灭，这件事已在上面说过了。

　　现在，著者要想证述的是：器官的连续使用，在要求此等使用的环境约束内，为得到利益而努力着；同时又能使该器官因而强壮、扩大，甚或创造出新的器官以担当必要的新机能。

　　为了寻找生命的食料而有赴水必要的鸟类，在踏水和水的表面上行动的时候，扩张了它的足趾。连结此等趾基部的皮肤，因趾之不绝的反复的扩张，结果获得了扩张的习惯。因之，连结鸭、鹅及其他类似动物之趾的、广大的膜，经过相当的时期后，形成我们在今日所看到的样子。为了游泳，即为了要在水中前进和运动，而与踏水之目的相同的努力，也能使蛙、蟠龟、水獭、海狸及其他类似动物之趾间的膜作同样的扩张。

反之，生活方式有栖息于树上之习性、为由获得此种习性之个体而产生的鸟类，其趾必然甚长，以适应与著者上述水栖动物相异的习性。它们的爪因为要抓住动物常作为休息场所的小枝，故随着时间的递进而加长加尖，而且弯曲成钩形。

同样，虽然不喜游泳而为了要找寻食物必须行近水旁的鸟类，不时有足部陷入泥淖中的危险。这些鸟为欲使体躯不致陷没，就尽力使其足延长。结果，这些鸟以及其他所有同种鸟类之长期中不断的延长其足的习性，逐渐获得了长的裸脚，即股或甚至股以上部份也不被羽毛的长脚，形成恰如踏高跷①那样高的身段。②

而且上述的鸟，因为要身体不被沾湿而捕得食物，不得不随时努力延长项颈，这也是很明白的事。这一种习性之努力的结果，在其个体及其种类上，就必须会随着时间的递进而极度延长其项颈，这件事可根据实际上一切水边鸟类的长颈证实之。

如天鹅、鹅等游禽之具有短脚但又有极长之颈项的姿态，其

_____

①［译注］涉禽类的"涉"字，法文相当于高跷的意义。
②［原注］《无脊椎动物分类志》（*Système des Animaux sans vertèbres*）14页。

原因是这样的：此等鸟类，有一面在水面游泳一面尽量伸长其颈以突入水中捕足幼虫或各种小动物作为食物的习性，然而对于足，却不需要它的延长，所以从不曾作过何等努力。

某种动物，为了要满足它的必要，反复努力于舌的延长，因此就获得了极长的舌（食蚁兽、啄木鸟）。某种动物，因为有以该器官攫得食物的必要，其舌分歧呈肉叉状。用舌取得食物的蜂鸟及用于触知眼前物体之蛇、蜥蜴的舌，都证实着著者于此处所述的话。

因环境约束而常被诱起的必要，及为欲满足此种必要而作的不断努力，在变化诸器官之大小及诸能力即其增减的结果中，是丝毫不受限制的；而在其中某项必要尤为紧要的情况下，甚或把此等器官移迁至别的地方。

具有游泳于大量水中之习性的鱼类，因有看到两侧事物的必要，故其眼位于头的两侧。它们的体躯，随种之不同而呈大小不一的扁平形，具与水面相垂直的脊鳍；它们的眼置于扁平形体躯的每一侧，但习性上有不时靠近岸畔（尤其是倾斜度较少的岸或倾斜度缓慢的岸）之必要的鱼类，为了要与岸畔接近，不得不把体躯和水平面相一致而游泳，在这种状况下，因为体躯的上面较下面多受到光线，而且有所谓随时注意本体上方四周事物的特殊必要，这必要就使其眼之一作某种移动，强制的移动到如比目鱼、鲽等（Pleuronectes, Achirus）之眼那样颇特异的位置。这种两眼的位置，是不完全变迁之结果所产生的形态，并不对称。而在这个变迁全部完成的鳐鱼体上，其横面的扁平化，连头部在内都呈水平的形态，因此二个都位于上面之鳀鱼的眼，左右相互对称。

　　匍匐于地表的蛇，极有看到高的或在本体以上之事物的必要。这必要当然影响至此等动物视器的位置。事实上，蛇的眼睛确位于头的上侧部，借此而容易认到它的上方或两侧的事物；可是在它的前方，虽然事物的距离和它极近，也因此几乎不能看到。因为它在前进之际，要知道前方使它受伤的事物，有补救视觉之缺憾的必要，就借助于其舌，专凭其舌去触知此等事物；于是它不得不倾全力以延伸其舌。这种习性不但使其舌变成柔软而长，富于极大的收缩性，而且为欲同时触知多数的物体，大多数的蛇，都把舌分歧着。甚至为了伸舌而有打开其颚的必要条件下，还在鼻的末端开了孔。

　　我们更不能看到像草食性哺乳类那样具有显著之习性结果的动物。

　　很早就因环境约束及此等环境所带来的必要而具有食草习性的此类动物的四足兽，除了在地上步行，不能做别的事；其一生的最大部份，通常都消磨于简单或平凡的运动中而必须将其四足站立地上。此类动物为获得其唯一之食物以满足自己而不得不费之每日的大部份时间，几乎都用于为步行或奔走而将其足支持身体于地上，用于运动者可谓仅有，而用于攀登爬树者则可谓绝无。

　　每日大量消费使容受食物之器官膨胀的营养物质的习性，和仅行平凡运动的习性，两者的结果都使此等的体躯变成非常的大，变成非常的重而且结实，获得如我们见诸于象、犀牛、水牛、马等那样极大的容积。

为了食草而在每日之大部份中以四脚站立的习性，产生了包裹其足趾末端的厚角质部。而这些趾因为除了绝无仅有的运动及与足的其他部份相同用以支持体躯以外，更无何等用途，故趾中的大部份就短缩起来、瘦小起来而终至于消失。因此在厚皮类（pachydermes）中，某种动物有五个足上覆有角质的趾，故其蹄分成五部份。某种动物不过四趾，更有某种动物仅有三趾。但仅限于地上直立的、当为最古之哺乳类的反刍类（ruminants），在它的足上，已经看不到两个以上的趾，而单蹄类（solipèdes）（马、驴）则只能看到唯一的趾。

虽然，在草食动物（尤以反刍类为甚）之中，因其栖息之荒凉广漠地域的环境约束之故，常有被作为肉食动物之粮食的危险，除了如疾风似的逃避以外，没有第二个保全身体的方法。因此，此等动物有急速奔走的必要；结果由于其获得的习性，它们的体躯增加了柔软性，四肢变细。例如羚羊、瞪羚等体躯，就是如此。

在与法国同样气候的国家中，鹿类的雄鹿（cerfs）、西方狍（chevreuils）、黄鹿（daims），因为有其他的危险即常陷入于被狩猎者以此等动物为目的而捕捉杀却的危险，这种危险在此等动物上产生了同样的必要；因之强制它们获得了类似的习性，而且在此等动物上发生了同样的结果。

反刍动物其脚仅能用于直立，其颚仅能用于啮草和嚼碎啮得的草，仅有极少的力，故只能把头部的上前额部相互对合而和敌方相斗。

当雄者发作特别频繁的激怒时，此等动物的内在感觉就因其努力而激起体液，向头的该部份增多；有些动物且于该处分泌角质，有的更分泌和角质相混合的骨质，使之在该处产生坚固的突起，因为这个缘故，此等动物的大部份在其武装的头上具有角及树枝状的角。

关于习性，观察长颈鹿（camelo-pardalis）之特殊形态及身长的结果，是一件很有兴味的事。这一种为一般所周知的、哺乳类中身体最高的动物，栖息于非洲的内地；因为生活的地域其土地极为干燥，而且不生青草，故这种动物不得不随时努力使它的嘴碰到树叶以便果腹。由于该种动物各个体长期持续至今之习性的结果，致其前脚长于后脚；而且它的项颈，因并不用后脚站立以增加其体躯的高度，致伸长达六米之高。

鸟类中的驼鸟没有飞翔能力，其具有长脚的身体很高；此等鸟类之所以有这样特异的形态，大概由与上述环境约束相类似的环境约束而致。

习性的结果，虽然在肉食哺乳类中，也和在草食动物中同样显著，不过结果却完全与草食动物的结果不同。

事实上，具有攀树、或爬土掘地、或为攻击杀死可作为食物之其他动物而撕裂目的物等习性的哺乳类种族，都有使用足趾的必要。这一种习性促成了足趾的分歧，而且形成了如我今日所见之武装足趾的爪。

但在肉食动物之中，有些动物为欲捕得食物，又不得不奔跑。可是它们由于因用爪撕裂之必要及其结果的习性而努力于把其他动物体攫获及将获得部份撕裂，不时欲使其爪形成将其他动物体深深陷入的状态；由于这种反复的努力，它们的爪已经获得极度的大和钩的形状；而这样的爪在多石的地面上步行或奔走时，却又使此等动物颇感不便。于是它们不得不作新的努力，使此等过度发达而钩曲、不利用奔走的爪拉至内侧；结果，猫、虎、狮子等就逐渐形成了不使用时隐蔽其爪的、特殊的鞘。

像这样，生物体的某部份为了要满足因自然或环境约束而发生之要求而长期的、不断的或习性的对某一方向所作的努力，就能使此等部份发达；而且此等努力，又能使此等部份获得相当的尺寸和形态，借以使此等动物不得不将此等努力变成习性的行为。我们在一切已知动物上所行的诸观察，随处提示着这样的实例。

再没有比袋鼠那样显著的例子了。这一种运载幼儿于腹部所具之袋内的动物，仅以它的后脚和尾站立起来，表示一种恰如直立着的姿势；而且它又具仅以继续跳跃而移变其位置的习性；在跳跃之际，为欲不使幼儿受到影响，也维持其直立的姿势。于是结果产生了下述的情形：

一、该动物之极少使用而且唯在不作直立姿势时始须支持身体的前脚，绝没有与其他部份相比例的发达程度，既极瘦又极小，而且极少力量。

二、为了支持身体或跳跃前进而不断使用的后脚，却与前脚相反，极为发达；形状很大，而且极有强力。

三、又该动物之因支持身体及作主要运动而被不时使用的尾，其根基部也粗得极显著，而且有力。

此等极为一般所熟知的事实，的确足以证明动物之某器官或某部份习性的使用所产生的结果。如果在观察到动物之某器官特别发达、强壮、有力的时候，有人主张习性的使用不能使该器官获得什么，继续的不用也不能使该器官失去什么，该器官自从该动物所属的种被创造成功以来始终是原来的样子，那末著者就要质问：为什么家鸭至今已不能像野鸭那样飞翔？著者可以简单的说：证明我们器官之某部份的使用或不用在我们本体上所产生之差异的实例，可以在我们本体上举出无数；不过此等差异，在累积世代而生之子孙的个体上，并不继续维持而已；若能继续维持，则其结果当较现今观察而得者远为显著而大。

在第二卷中，著者拟叙述下面的事：当意志使动物作某种行为时，则实行该种行为的器官立刻会因该种行为所要求决定之诸运动的微妙流动体（神经液体）之流入而活动起来。无数的观察证明着这个事实，在现今，对此已无怀疑的余地。

结果，此等无数反复之体制上的作用，就使必要的诸器官强壮起来、扩大起来、发达起来，甚而创造了别的新器官。关于这一点，只要我们把四周所发生的现象注意观察起来，就可以获得器官之发达及变化的根本原因。

某器官因对完成变化而充分使用之习性而获得的一切变化，若在受精之际协力于某种之繁殖的个体双方都相同，则这些变化就得以累积世代的维持下去，而且这些变化能够在一切支配于继续、同一之环境约束中的个体上扩展下去、传递下去，不必再依实际创造此等变化的过程去获得。

再者，具有不同性质及形态之个体间的杂交，结果当然与依样葫芦的传递此等性质又形态相反。支配于影响可及、多种环境约束中的人类，其所以不能将已在获得状态中之偶发的美点或缺点作累积世代的维持和传递者，原因就在乎此。如果同样获得某种形态上特殊性质或某种缺点的二个个体常常交合，则此等个体就会产生同一特质；若第二代以下的生殖，仍限于继续同样的交合，就会形成一个特殊而判然不同的种类。可是不具形态上同一物质之个体间的不断杂交，却会使一切因特殊环境约束而获得的特质消失。因此，若栖息地域不将人类隔离，则各种国民不同的一般诸特性将因杂交的结果而消失。这是可以保证的。

若把此处现存动物之一切的纲、目、属、种逐个检视起来，则著者不难指出，个体及各部份之构造、配置，其诸器官、诸能力等等，无一不是自然支配动物界之环境约束及组成各种之个体非获得不可之诸习性的结果；而且不难指出，此等个体的配置等等并非开始即已存在之形态所促成的，如我们见诸于各动物的习性的结果。

正如一般所知，被称为三趾树懒（aï）或白喉三趾树懒（bradypus tridactylus）的这种动物，常在极懦弱的状态中，它仅能作极缓慢而且极有限制的运动，在地上步行甚难。其运动之纤缓，尽一日的功夫也不过五十步而已。而且大家更知道：该动物的体制是与其懦弱状态和无力步行两者间完全相称的；又，即使此等动物欲作已为我们所知之运动以外的运动，也不可能。

　　因此大家就断定：该种动物由自然获得如我们现在所见的体制；该种体制使该种动物强制于该种习性及现在为我们所见那样凄惨的状态中。

　　但著者的见解却与上述的主张相差极远。因为著者确信树懒类个体之开始即已获得的习性，必然的会形成现在状态的体制。

　　如果因过去继续不断的危难之故，致此种个体避难于树上，日常住于该处，且以树叶作食物，则此等动物之不能作生活于地上之动物的各种运动，是不言可喻的事。因此，树懒的全部必要就成为悬垂于树枝；为欲接触该处的树叶而匍匐或攀援；为欲避免坠于地上，在树上取一种懒惰的姿势；而且这一种懒惰姿势，更因气候的炎热而必须不断采取，因为在温血动物中，炎热而致休息，比运动更易招致。

　　树懒的个体因长期居留于树上，而且其习性只能作缓慢的、无变化的运动，借以满足其必要；故它的体制逐渐与这个新的习性相适合，产生了下述的状态：

　　一、此等动物的腕，由于为容易把握树枝而不断努力之故而延长。

　　二、此等动物的趾爪，因不断努力于紧抓他物而获得显著的长度和似钩的形态。

　　三、其趾因决不作特殊运动，故丧失了相互间一切的运动能力而互相联合，只保存了同时弯曲或伸开的能力。

　　四、其股因不断抱住树干或粗枝，获得了把骨盘扩大、把杯状窝向后方扩展的习性。

五、又，其骨之大多数互相融合着；而骨格之若干部份因之具有某种构造和形态，以适应此等习性而与其他习性所要求者相反。

以上所述，决无反对的可能。因为事实上自然在其他无数的机会中，对于环境约束所及于习性的力以及习性在动物各部份之形态、构造和比例上所及的影响，都不断的在把类似的事实向我们显示着。

此处因更无举述多数例证的必要，以下就叙述归结议论的要点。

事实上，各种动物都具有因其属及种之不同而各异的特殊习性，而且必定具有完全与此等习性相适合的体制。

从这个事实的考察出发，有以下两个结论；这两个结论可以自由选择一个加以承认，要证明二者孰是孰非，是一件不可能的事。

迄今尚被承认着的结论：自然（或自然的创造者）在创造动物之际，预想到此等动物将来必须生活之一切可能种类的环境约束，就对每种动物给予了恒久的体制，并在各部份上赋以决定不变的形态。因此每种动物，都被强制地生活于今日所处的地域及气候中，而且被强制的保存着我们今日在各该种上所看到的诸习性。

著者之特殊的结论：自然逐次孳生一切种类的动物，而且从最不完全即最单纯的动物开始，至最完全的动物为止，全部创造成功，使此等体制形成有阶级的复杂状态。而此等动物因为普遍分布于一切地球上得以栖息的地域中，故每种动物因所遭遇之环境约束的影响而获得我们所见于各该种的诸习性，而且产生了我们在各该种上观察到之诸部份的变更。

在这两个结论中，前者至今犹被一般保留着，亦即为一般所公认的结论。这个结论想象着每种动物都有恒久的体制及以前决不曾变化过以后也决无变化可能的诸部份；而且还想象着影响于各种动物之栖息地域的环境约束，在此等地域中也决不会发生什么变化。因为若一经变化，则原来诸动物就不能生活于该处；一方面寻觅其他类似环境而往该处移居的可能性，此等动物也没有。

第二个结论是著者自己的。著者想象每种动物先由于环境约束对于习性的影响，继之由于习性对于该种动物之诸部份状态及体制状态的影响，其诸部份及体制都会发生变化；这些变化具有极大的可能性，从而又有产生今日我们所见于一切动物之状态的可能性。

如果要确证第二个结论之毫无根柢，则先有把地球表面每一点之性质、地势、高低凸凹、气候等等证明其为决不变化的必要；其次还必须证明动物的任何部份虽在长时期之后也不会因环境约束的变化，及因强制与此等动物习性所具者不同之生活方式和行为的必要而发生任何变化。

只要有一个事实足以证明久为人类所饲育之动物与其原种之野生动物的差异，而且若又能看到被饲育之某种中支配于某习性之个体与被强制于不同习性之个体间在构造上的大差异，则我们就可以确定：所谓第一个结论与自然法则不相一致，反之后者却与该法则完全一致的话是对的。

故一切的事物都在协力证实着著者的主张，即并非身体或其各部份的形态产生动物之习性及生活方式；反之，是习性、生活方式及一切环境约束的其他影响随着时间的递进构成了动物之身体和诸部份的形态。在构成新形态的时候，同时又获得了新的能力，于是自然终于逐渐形成了如我们今日所见那样的动物。

在博物学中，还有更比著者在此处所述之考察更重要、更应予以注意的考察么？

以下就述动物之自然次序的诸要点，以结束本书的第一卷。

第八章 论动物的自然次序，并论欲使其一般配类与自然次序本身相一致之各种动物应行的排列

形成一顺列的动物配类自然次序，因与自然次序相一致，故各种动物的排列应从体制最不完全的、最简单的开始，至最完全的、最复杂的为止。其理由，并非谓自然界曾一度造成如此整齐的次序，盖各种动物乃渐次形成的，而在陆续形成之际，自然必一贯的从最简单的开始，逐渐复杂，而终至形成有最复杂体制的一种。此处所提示的配类，与自然的次序极相切近，若谓必须加以订正，也不过是细目上问题，例如照著者之意，实际上裸出水螅类应放入该纲第三目中，而浮游水螅类则应放入第四目。

如上所述（第五章），动物配类的根本目的，不仅是在我们要得到一个纲、属、种的目录；同时这个配类还应该根据它的排列，显示出自然研究上最有利的手段，以及使我们知道自然创造动物之步骤、一切手段及一切法则之最适当的手段。

虽然，著者敢断言我们关于诸动物的一般配类，在今日的状

态中，其所表示的排列是与自然当逐次孳生有生命的生成物时所循的次序本身相反的；因此，我们若依照习惯从最复杂的动物进至于最单纯的动物，就很难捕捉体制构成之进步的知识，而且不易认识其进步的诸原因以及各处进步中断的诸原因。

假使某件事是有用的，对于此处所定的目的是不可或缺的，而且在认识上也没有什么不便，则这件事纵然和习惯相反，也应该立刻实行。

在对动物之一般配类施以应给予的排列这件事上，就应该实行上述的话。

所谓动物之一般配类无论从两端的那一端开始都不妨的话，决不是对的；应该作为这个次序之最初的动物，决不能随意改变其应有的位置。

过去被一般所采用而且遵从的、所谓把最完全动物置于动物界之最初、把最不完全的体制上最单纯的动物结束动物界的习惯，其起因一方面是由于所谓我们常把优先位置给予最引起我们注意的、最使我们高兴的、我们对之最有兴味的动物这个倾向，他方面是我们喜欢应用较熟知的动物开始而向较生疏的动物推进的顺序之故。

在博物学刚开始研究的时代中，此等考察当然认为非常真实；但在今日，由于科学的要求，其中尤其是由于助成我们对自然知识之进步的要求，此等考察不得不将其位置拱手让于别的考察。

关于自然所造成的非常多数而且变化极多的动物，若我们不敢自负确知自然在逐次孳生此等动物之际所循的真实次序，则著者以下所述的，大概可信为极与真实次序相近。理性和一切我们所获得的知识，都对著者所述的见解作着有力的证明。

　　如果所谓一切生物都是自然的生成物的话确是真实的，则这样的信念就无法否认：自然不能不逐次产生此等生成物，不能于极短的瞬间把此等生成物都产生出来。如果自然是逐次造成生成物的，则我们就有理由推想：自然不论在动物界中或植物界中，作为生成物之发端的，当仅为最单纯的生物；体制最复杂的生物，直到最后才造成。

　　植物学者为表示自然次序本身而在一般配类上所配置的真实排列，最初就对动物学者树立了一个模范。因为植物学者作为植物之第一纲的，就是无子叶或无性植物，即其体制为最单纯的、从各方面看来都是最不完全的植物；换言之，是一群没有子叶、没有决定的性的区别、在其组织中没有脉管、不过因其体型大小而变更其大小之细胞组织所组成的植物。

　　植物学者对植物所做的事，在今日的动物界中，我们也必须要做；我们之所以不得不做，不仅是因为它所表示是自然本身，是理性的要求，而且还有别的理由，即：在动物界中根据体制复杂之累加的自然次序来决定各纲较在植物界中更为容易。

　　若这个次序极能表示自然次序，则同时这个次序也能使诸对象的研究变成非常容易：可以充分明了动物的体制和逐纲而进之构成的累进，而且更能显示动物体制构成的各种阶级与我们常因赋特质于纲、目、科、属、种而用的外形上诸差异之间所看到的诸类缘。

在这二个考察的根据上，已无另有根据的反对余地。在此处，著者还要加上下述的事。即：不能使某一有机体永久生存的自然，若无法对该种有机体赋予产生与该种有机体相似、足以替代该种有机体而在同一途径上维持其族类的个体，则自然不得不直接创造一切种类，否则就只能创造每一有机界的唯一种类（race），即唯一之最单纯、最不完全的动物和植物的种类。

而且，若自然不能因液体运动的能而增大有机运动的能，从而在体制的作用上给予使体制本身逐渐复杂的能力，又若自然不能使体制构成中之一切进步和一切获得的完成因生殖而维持不断，则自然绝对不能产生在体制状态和能力中相互间有非常相异之无限变化的动植物大群。

而且自然在开始第一步工作时，不能就把动物之最显著的能力创造完成。因为此等能力，须得极复杂的诸器官系统之助方能产生，而自然之对于这种诸器官系统是不能一蹴即几的。

故自然为欲建立我们所看到的生物界状态，无论在动物方面或植物方面，直接的即不赖任何有机作用之协力帮助的工作，除了最单纯的有机体以外，不能产生别的生物；此等单纯的有机体，自然至今还每日在适当的地点和时间中孳生着。以后自然再对此等创造成功的生物予以营养、成长、繁殖及继续保存其体制上所获得之诸进步的能力，并以同样能力传于作有机繁殖的诸个体中；于是各纲各目的生物就跟着时间及常在变化的环境约束，因此等手段而照着顺序逐个产生出来。

在动物自然次序的考察中，存在于动物体制构成之递增中及诸能力之数量和完成中的、极确实的阶级，决不是新的真理；甚至连过去的希腊人，也早已发见这一点。^①但希腊人不能述出它的诸原则及证据，因为在当时没有必需的知识来确立这些阶段。

　　为欲使读者容易认知那些指示著者行将叙述这个动物次序的原则，为欲使读者更进一层理解自位于这个顺列开端之最不完全动物开始至终结这个顺列之最完全动物为止在体制构成上观察到的阶段，著者把见于动物界全局之一切形式的体制分成很判然的六个阶段。

　　在这六个体制上的阶段中，前四阶段是无脊椎动物，包括根据我们开始追迹之新顺序的动物界前十纲；后二阶段是脊椎动物，包含动物界的后四（或五）纲。

　　有了这个方法，我们去研究、追迹自然产生诸动物并使之存在的经过步骤，去辨认动物界全局体制构成上所获得的进步，检考体制上所看到的特质和事实及各处配类正确性或规定之列位的妥当性，都很容易。

　　因此，数年来著者在“博物馆”的讲义中，常从无脊椎动物开始向最复杂的动物叙述。

　　为欲使动物之一般顺列的排列及全体更易明了，先把区分动物界之十四纲的表提示出来，并将其诸特性及包括此等动物之体制上的诸阶段加以很简单的叙述。

———————

　　①〔原注〕参看巴泰勒米（J. Barthelemy）著《青年阿那卡尔西之航行》（*Voyage du jeune Anacharsis*）第五卷，353－354页。

依照与自然次序最相一致之次序的
诸动物配类及分类表

无脊椎动物

纲

一、纤毛虫类

无形，分裂或发芽生殖。体为胶质、透明、同一物质、有伸缩性、于显微镜下可见其大小。无放射状触手及回旋性附属物。无何等特殊器官，亦不见消化器官。

二、水螅类

行发芽生殖之胶质体。有再生能力。除单孔之消化管外，无其他任何器官。口位于末端，具被放射状触手所围绕或有纤毛的回旋性器官。

第一阶段：不具神经、脉管，除行消化的器官以外，无任何内部特殊器官。

三、辐射对称类

类似卵生。过游离生活。体有再生能力，无头、眼及关节性肢脚，各部份呈放射状配置。口位于体下部。

四、蠕虫类

类似卵生。体软，有再生能力，不经变态。无眼及关节性肢脚，又在其体内诸部份上，不见放射状配置。

第二阶段：无有节纵走神经索。无行循环的脉管。除消化器官外，尚有若干内部器官。

五、昆虫类

卵生。经过变态。在成虫状态中，头部有眼，有关节性六肢及分布于体内各处的气管。一生受精仅一次。

六、蜘蛛类

卵生。在一生的各时期中，有具关节的肢脚，头部有眼，不经过变态。有行呼吸之具褶襞的气管及循环系的基本型。一生中受精数次。

第三阶段：终结于有节纵走神经索的神经。以空气性气管呼吸。循环器不具或具而不完全。

七、甲壳类

卵生动物。体躯及肢脚有关节，有甲壳化的皮肤，头部有眼，多数有四个触角。以鳃呼吸，有有节纵走神经索。

八、环节动物类

卵生，体细长，有环节，不具有关节的肢脚。有眼的动物极罕见。以鳃呼吸。具有节纵走神经索。

九、蔓足类

卵生。有具外套及关节的腕。皮肤角质。无眼。以鳃呼吸，具有节纵走神经索。

十、软体类

卵生。体软。体的各部份不具关节。有各种外套。以各种形态及位置不同的鳃呼吸。无脊椎及有节纵走神经索。有终结于脑的神经。

第四阶段：终结于脑髓或有节纵走神经索的神经。以鳃呼吸。有行循环的动脉和静脉。

脊椎动物

十一、鱼类

卵生，无乳房。常以鳃行完全呼吸。有二肢或四肢的基本型。有能运动的鳍。皮肤无毛亦无羽。

十二、爬虫类

卵生，无乳房。呼吸不完全，多数以肺脏行呼吸；或终生具有肺脏，或仅于晚期中具肺脏。皮肤无毛亦无羽。

第五阶段：有终于脑的神经，脑未充满头盖。心脏一心室。血液冷。

十三、鸟类

卵生，无乳房。其有关节的四肢，其二肢形成翼。以连接而有通孔的肺脏行完全呼吸。皮肤有羽毛。

十四、哺乳类

胎生。有乳房。具有关节的四肢，或仅有二肢，以没有向外方通孔的肺脏行完全呼吸。皮肤的若干部份有毛。

第六阶段：有终于充满头盖之脑髓的神经。二心室的心脏。血液温。

以上是把已知动物加以决定、并依照与自然次序最相一致之次序加以排列的十四纲的表。此等纲的排列，根据现今所处理之生物体制的考察；这考察具有最高的重要性，能够决定包含于各群中动物之间的类缘及全顺列中此等群的每一列位，故我们纵然不采用形成此等纲的区划线，也应该不时采用上述的办法。

根据著者现在所述的理由，无论到什么时候不能发见改变这个排列全体之坚实的论据。不过它的枝节部份（其中尤以诸纲内的小群为甚）也许有变更的可能；因为决定包含于纲以下再经分割之小群中动物间的类缘是一件极困难而且极易陷于独断的事。

这里，为了要更进一层的理解诸动物的排列及其配类究竟与自然次序相符至如何程度，著者拟根据上面所指出的论据，从最单纯的动物开始至最复杂的动物为止，把区分于主要分割之已知动物的一般顺列叙述出来。

著者在这个叙述中的目的，是在使读者通读本书后认识著者屡次引用之诸动物在一般顺列中所占的列位，俾令读者省去参照其他动物学书籍之劳。

虽然著者仅在此处列举了属，及主要区分的表，但这个表已充分指示出一般顺列的全局，与自然最相一致的排列及纲、目的应有位置，而且对于科和属的位置也几乎充分指出了。著者在本书中不能将下表所述一切动物仔细研究，故这件事只能期之于我们所有的动物学良好书籍。

形成与自然次序本身相一致之顺列的动物一般配类
（略）

关于人类的若干考察

如果人类是仅能在体制方面可以从其他动物中区别出来的动物，则为形成合并其变种①之特别一科而用的体制上特质，就很容易指出其一切不外为往古时此等行为之变化及此等种之个体的特殊习性的结果。

实际上，如果四手类（quadrumanes）的某一种类（尤其是其中最完成的种类），因环境约束的必要或某种其他原因而失去了攀树与用手攀住树枝而悬垂相同之用足握住树枝的习性，在该种族之个体的某数代之间，继续不辍的被迫着仅用其足步行，停止了以手代足的习性，则根据前章所述的诸观察，此等四手类将终于变形为二手类（bimames），②而其足因除步行之外不作别种用途，其拇指无疑的会与其他各指接近而不分离。

而且，如果此处所述的个体被强制向远而广的方向展望，努力采取直立的姿势，把这样的习性累积世代的继续维持下去，则此

---

① ［译注］拉马克把人类分为一个变种，即高加索人（Caucasique）、北极人（Hyperboréen）、蒙古人（Mongol）、美洲人（Américain）、马来人（Malais）、埃塞俄比亚人或黑人（Éthiopien on nègre）。

② ［译注］拉马克以二手类为哺乳动物的最后一科即动物界的最后一科，人类属之；该科的前一科为四手类，猿类属之。二手类的特征是：有具指爪的、独立的四肢，有三种齿，拇指仅生于手上者能与掌相对。

等个体的足就会逐渐形成保持直立姿势的适当配置，在其足上形成小腿；这样一来，此等动物无疑的会感到同时用手足步行的困难。

又，若上述的个体，其颚停止不作啮物、撕裂或抓住的武器之用，或停止不作将草啮断而食的钳之用，仅把它用于咀嚼，则颜面角就会广阔起来；突出的口角就会逐渐短缩起来，终至于完全消失而在垂直的齿槽中嵌上了齿。这也是不容置疑的事。

如果我们想象已经获得一种四手类之最完全动物的种类，这个种类是根据该种类一切个体中恒常的习性而获得的，其习性所包括的是著者上述的配置及采取直立姿势、以该姿势而步行的能力；其次，我们若又想象这个种类处于较其他动物的各种类为优越的地位，则我们就可以理解下列各点：

一、这种能力最完全的种类，因此支配了其他种类的动物，在地球的表面上占领了适宜于该种类生活的一切地域。

二、该种类驱逐了与其争夺地面上一切天惠的其他较优越种类，并压迫之使其逃避至该种类未占据的地域。

三、该种类对类缘上与其相邻接之诸种类的繁殖予以障碍，驱逐至森林中或其他该种类未居住的地域中使其能力停止向完成的途上发展；而该种类本身却相反，自由的分布于各处，不受其他种类的障碍而繁殖，以多数个体合群而生活，于是创造了新的必要，以刺戟其技能、逐渐完成其势力和能力。

四、又，这个卓越的种类之对于其他一切种类，处于绝对优越的地位；在该种类与其他最完成的种类之间，存在着一个差异，且产生了极大的距离。

于是这个最完成之四手类的种类，成了君临万物的动物；由超于其他诸动物以上之绝对优越地位及其新的必要的结果，改变了它们的习性；由于习性的改变，乃在体制及其新的许多能力上逐次产生了变化；同时限制其他种类中最完成的动物，不使达于它们的状态；结果该种类与此等种族之间，产生了极显著的区别。

安哥拉地方的某种猩猩（Simia troglodytes, Lin.），是动物中最完成的一种，比较一般称为"猩猩"之印度猩猩（Simia satyrus, Lin.）尤为完成；虽然，在体制上，这二种动物的肉体能力及智能都远较人类为劣。[①]此等动物虽然常常直立，但因其姿势未成持续的习性，故其体制亦未充分变化；所以直立的姿势（station）在此等动物是颇不便的，而且是颇感不安适的。

尤其是印度的猩猩，据旅行者的记述，当其不得不逃避迫来的危险时，这种猩猩就立刻四肢着地。这一种动作，可说是将该种动物真实的起源暴露无遗，因为该种动物，不得不放弃这种被强制的、非本质的态度。

这种态度在该种动物中当然是很勉强采取的。在移变至采取这种态度的时候，该种动物因为不常将其使用，故其体制尚未与这种态度相适合。但在人类，是不是因为容易采取这种姿势，直

---

①［原注］请参看著者之《关于生物种的研究》（*Voyez dans mes Recherches sur les Corps vivans*）136页，"安哥拉地方的猩猩"一节。

立的姿势成了自然的姿势？

人类，即由于该种类个体累积多数世代不断持续之习性而在移变之际只能采取直立姿势的人类，在采取这种态度时，还依然会感到疲劳的；故人类在相当时间后，必借其一切肌肉的收缩以恢复其疲劳。

如果人体的脊柱形成了体躯的中轴，能支持头部及其他各部份使之保持平衡，则直立的人，其直立的态度当为在休息状态中的态度。然事实上并非如此：头部重心之不具关节，胸部、腹部及该二部所包含的内脏之几乎完全悬于脊柱的前部，脊柱之悬于倾斜的基部上等等，都是尽人皆知的情形。因此正如里谢兰（Richerand）①所观察，在直立的姿势中，为了要防止能动的力及各部份的重量和配置不致使身体倾倒，必须随时留意。

在论述关于人类直立姿势之考察时，上述的学者还发表了下面的话："与头部、胸腔及腹腔之内脏相关的重量，有使身体各部份的铅直线移往支持身体平面之前方的倾向。该铅直线为了要完成直立的姿势，不得不与该平面作正确的垂直。下述的事实，足以证明这个断言：著者曾观察过头部大、腹部突出、内脏脂肪过多的儿童，他们都不容易将采取直立姿势的事养成习惯；只有二年级下期的儿童，始自己努力注意到。他们都随时采取着欲倒转为四足状态的自然倾向。"②

---

① ［校注］里谢兰男爵(Baron Balthasar Anthelme Richerand, 1779—1840)，法国著名外科医生。

② ［原注］《生理学》(Physiologie) 第二卷，268页。

这个使人类直立姿势呈能动状态因而又呈易致疲劳的状态而非休息姿态的各部份配置，若加上其体制的考察，就把人类之与其他哺乳类直立姿势相类似的起源表现出来了。

在这里，我们为贯彻这个考察当初所提出的见解起见，最好再加以下述诸考察。

上述优越种类的个体，占领了一切有利于彼等的居住区域后，就在该处形成社会。此等社会因个体数不断的增加，继之以必要（besoin）的显著增大，每一个体都增加了观念，结果在个体与个体之间，就感到传达此等观念的必要。于是又产生所谓传达此等观念之固有标识与观念作同比例增多及变化的必要，是很明显的事。因此该种类的个体不断的尽力创造那些适用于观念及其必要的标识，在其努力中用尽了各种方法。这也是很显明的事。

至于其他动物，却并不如此。此等动物中如四手类之最完全动物，大部份合群生活，但自从上述的种类获得显著的优越性以来，此等动物到处受其驱逐，被流谪于广漠而不毛的地域中；它们在那些地方，不得不与穷乏和不安相战斗，时时迅速奔走，隐蔽自身，因此在其能力的完成上，始终没有进步。处于这样状态中的此等动物，不会形成新的必要，也不会获得新的观念，只有此等动物日常所用的少数同一观念而已；而且在此等观念中，用于传达至该种之其他个体的，为数更少。因此，此等动物为欲使伴侣间相互理解，仅需要极少数的标识。因为这个缘故，在此等动物中的标识，充其量也不过是身体或其诸部份之某部份的若干运动、若干咆哮声及由声音之单纯的抑扬变化而生的若干叫声而已。

反之，上述之优越种类的个体，因为要迅速传递其多数观念，就有增加标识的必要；而为了要表示多数必要的标识，仅是身体活动的标识或声音之尽量抑扬，已不能充分表示明白，于是累积各种的努力，形成了有节音。在起初，虽仅是少数的有节音和声音的抑扬合并应用，以后却因要求的增加，就对制作有节音的事，增加了熟练的程度，于是有节音增加起来、变化起来、完全起来。事实上，这一种所谓为发音而习性的使用其声带、舌及唇的能力，在此等个体中是发达得很显著的。

这一种特殊种类之可惊的谈话能力的起源，就在于此。一方面因为构成该种类的个体散处于各地域，由于地域的隔离，致表示各观念所定的标识形成不统一；因为这个缘故，各处产生了不同的地方语。

从这一点看来，一切的作为都仅由必要而产生；由必要产生努力，于是发音的固有器官就因习性的使用而充分发达。

被作为此处所述之优越种类而考察的人类，若仅能根据其体制的诸特性与其他动物相区别，认为起源殊无与其他动物相异的地方，则我们就可以作如上的反省。

第七章及第八章的追补

1809 年 6 月下旬，巴黎博物馆饲育部接受了一头一般称为"海之犊"的海豹（phocavitulina），这头海豹是刚在布洛涅（Boulogne）产生就送来的，著者因此而得到一个观察该动物运动及习性的机会。嗣后，著者对于下述的情形，得到了较以前更坚强的信心。即这个两栖哺乳动物，虽然与有爪哺乳类比较起来在一般的形态上有很大的差异，但其类缘却较其他动物更与有爪哺乳类相接近。

它的后肢，虽和前肢相同，是非常的短，但非常自由，与小而极判然的尾显然有异，在各种配置上，可以作轻捷的活动。此等后肢，甚至能够像真实的手那样握物。

著者观察到这个动物能够任意将后肢结合的动作，正如我们将两手交相结合的样子。这时两肢互相把有膜的指扩张起来，作成一个颇大的调色板（palette）的形状，在水中移动之际，其用途与鱼类将尾作鳍的用途相同。

海豹在陆上时，能借助于体躯的波动运动，以相当的速度向前匍行。这时，后肢不能对前进运动有什么帮助，扩张着不动。前肢的帮助也仅是自腕至臂的一部份支持着身体，手是不用的。

该种动物以后足或口捕捉食饵。有时，前肢虽也用于破裂口所捕获的食饵，但其手的用途，主要的还在水中游泳或移动。又该种动物因为能长期继续的居于水中，在水中过舒适的生活，故著者知道该种动物能将鼻孔毫无困难的完全闭合，正像我们闭住眼睛一样。这一点，对于海豹之潜伏于栖息的水中是非常有益的。

海豹是一般都知道的动物，这里无需多加描写。著者的目的不过是在指示两栖哺乳类的后肢是并不与体躯的中轴作同一方向配置的，其原因则不外为此等动物必须将两后肢结合，张开其指，以调色板的形状形成一个尾鳍，供其使用而已。这样一来，此等动物就可用这样的鳍，或左或右的拍击着水，急速前进，任意改变其方向。

一方面海豹的后肢常相结合成一鳍而被频繁使用，另一方面若该种动物继续不用其后足（后脚常用于捕捉或搬运食饵），则其后足不仅会随着体躯的伸长而继续趋向后方，而且会像儒艮那样把两足完全结合起来。但事实上因该动物在此等行为上必需的特殊诸运动，却阻碍着后脚的完全结合，仅能随需要而作暂时的结合。

反之，儒艮因其习性以草为食料，常至岸畔食草，故后肢形成尾鳍，不作别种用途，结果其肢脚大体与尾相同，完全结合在一起，已经不能分离了。

这一点，可说是有同样起源之动物其习性对于诸器官形态及状态所影响之结果的新证据，应该追加于本书第七章已述诸证之中的。

此外，著者对于飞翔显然非本质能力的哺乳类，也可追加下述颇显著的例证，即自显然的仅能作长时间跳跃的哺乳类开始，至能完全飞翔的动物为止，自然逐渐在使动物的皮肤延长；结果，在哺乳类动物中也得到了和鸟类相似的飞翔能力，虽然在它们的体制上看不到与鸟类相近的类缘。

例如鼯鼠（sciurusvolans, aerobates, petaurista, sagitta,volucella）①之具有于跳跃时为欲使体躯形成一种落下伞而扩张其四肢的习性，较著者以下所述的习性尤为新颖。此等鼯鼠只能在从树上飞下之际作相当长的跳跃，或从某树跳越至距离不远的另一树。于是在此等种类的个体中，因跳跃之频繁反复，其侧腹的皮肤就向两侧伸张，形成了柔软的膜，该膜将前肢及后肢结合，拥抱了大量空气，就可以急激的降落至地上。不过此等动物的指间，尚未具膜。

蝙蝠猿（lemur volans）之具有这一种习性恐较鼯鼠（pteromis, Geoffr.）更早，其所有之两侧皮肤更广阔，而且更发达，不仅把后肢及前肢结合起来，而且各指相互间及后肢和尾之间也结合起来了。因此该种动物能作较上述动物更长的飞越而形成某种飞行动作。

最后，从各种蝙蝠之拥抱大量空气于空中飞行时为欲支持身体而扩张其四肢乃至指间的习性一点看来，恐为较蝙蝠猿更古的哺乳类。

---

① ［校注］括号中的拉丁词汇为鼯鼠的不同名称或不同种类的鼯鼠。

　　蝙蝠为了要很早就获得此等习性，而且把此等习性保存起来，不但具有体侧的膜，而且前肢的指（拇指除外）也变得极长，并在此等指间，张上了结合各指的非常广阔的膜。这些膜与体侧的膜及结合尾和二后肢的膜连接起来，就在此等动物上构成了很大的膜质的翼，因此能作完全的飞行。

　　习性的力，就是如此：此等习性在某部份的配置上能给予异样的影响；在很早就获得此等习性的动物上，能给予具他种习性之动物所没有的诸能力。

　　关于上述的两栖哺乳类，著者尚拟对读者宣述以下的私见，这些私见，可由著者研究时所考察的对象来证实。

　　著者敢确定：哺乳类本来是栖息于水中的，水是动物界全体之真实的摇篮。

　　事实上，最不完全的动物为最多数的动物；此等动物正如著者所述（第二卷第六章），除在水中以外，不能生活。我们知道自然之实行使体制上最单纯之微生物存在的直接生成或自然生成，及使接续于此等微生物之后的其他一切动物产生出来，其最适宜的工作环境，自古迄今，就只有水中或湿地。

　　正如一般所知，纤毛虫类、水螅类及辐射对称类除在水中以外，不能生活。蠕虫类的某种动物仅栖息于水中，其他则仅栖息于湿地。

　　蠕虫类似乎形成着动物阶级开始的一分枝；正如纤毛虫类之形成另一分枝，为同样的显而易见。在此类动物中，那些完全为水栖动物像铁线虫（gordius）乃至尚未为我们所知的多数其他动物那样没有栖息于他类动物体内的，大概在水中变化极多，以后在此等水栖蠕虫之中，有的对暴露于空气中的生活，成了习惯，于是产生了如蚊、蜉蝣等等的两栖昆虫。在此等昆虫以后，又相继产生了一切除在空气中以外不能生活的昆虫。但后者的若干种类，由于其移变了的环境约束之故，已改变了原有习性而获得独居、隐栖或孤立生活的新习性，因为这个缘故，就产生了近于全部的、一同生活于空中的蜘蛛类。

蜘蛛类中之喜与水接近、以后逐渐养成了生活于水中的习性、终于脱离了空气的种类，产生了甲壳类。这一点可由动物间相关的类缘而得充分证明：如蜈蚣（scolopendres）之与马陆（iules），马陆之与鼠妇（cloportes），鼠妇之与等足类（aselles）等等。

其他水栖蠕虫类中之绝对不生活于空气中的动物，其种类随着时间的递进而增加起来、复杂起来，同时因体制构成上的进步而形成了环节动物类、蔓足类及软体类；此等动物相集而合成动物阶级不致中绝的一部份。

虽然，我们看到已知的软体类与鱼类之间，存在着一个极大的间隙；但著者在上面已曾指示其起源的软体类，一定有尚未为我们所知的动物为媒介而产生鱼类的；正如鱼类之产生爬虫类，二者都是同样明白的事。

若继续参照各种动物起源的盖然性，则爬虫类无疑的会因环境约束之影响而形成判然不同的二分枝，一方为鸟类，另一方则为两栖哺乳类；又从后者产生其他一切的哺乳类。

　　鱼类以后，接着形成了心脏仅有一心耳的蛙类，蛙类之后又形成了具有同样心脏的蛇类；自然很便当的在其他爬虫类中予以复心耳的心脏，借以构成特殊的二部门；其次又在作为此等各分枝起源的动物中，完成了二心室的心脏。

　　在心脏具有复心室的爬虫类中，一方面龟鳖类之后产生鸟类，似为当然的事，盖两者间有若干不容忽视的类缘存在着；如果把龟的头部置于任何鸟类的颈上而加以观察，则在此人为动物的全体形貌上，实在看不出有何等不统一的地方。他方面，蜥蜴类（尤其是鳄鱼等的扁尾类［planicaudes］）似为产生两栖哺乳类的渊源。

　　如果龟鳖类的分枝产生鸟类是对的，则我们就可以推想水栖的膜趾鸟类（尤其是企鹅及帝王企鹅等的短翼类）之后会形成一穴类。

　　又若蜥蜴类的分枝产生两栖哺乳类是对的，则该分枝之为一切哺乳类起源的渊源，也该是极真实的事。

　　因此我们不妨以为陆栖哺乳类起初是从我们称为两栖类之水栖哺乳类的某种动物产生出来的。因为此等两栖类会随着时间的递进、习性的变化而区分成三个分枝，形成鲸类、有蹄哺乳类及已知各种之有爪哺乳类。

　　例如两栖类中具有近岸习性的动物，在摄取营养物的方式上，就有各种不同。其中有的如儒艮、海牛（lamantins）之惯于食草，逐渐形成厚皮类、反刍类等有蹄哺乳类；他如海豹等具有专以鱼类及海栖动物为营养物之习性的，由于各种变化及完全陆栖之种类的媒介，就形成了有爪哺乳类。

但在水栖哺乳类之中，具有决不离水之习性、只在水面行其呼吸的动物，大概就是产生我们现在所知之各种鲸类的渊源。因为鲸类自古完全栖息于海中，其体制已经过极大的变化，故在今日要认识此等动物的起源，非常困难。

事实上，此等动物因栖息海中的时间极长，在长期中决不使用它的后肢去握物，故此等不被使用的足，其骨及作为支持物、连系物的骨盘都已完全失去了。

鲸类由栖息之环境约束的影响及环境约束中所获得之习性的影响，其四肢所受到的变化，显现于前肢的并不和后肢相同；前肢完全被皮肤所包裹，形成末端的指并不显露于外部；故我们所看到的前肢，仅为两侧包裹手之骨格的鳍而已。

当然，因为鲸类是哺乳类，该类动物也应该和其他一切哺乳类一样，置于哺乳类的体制规律之中。即：应具有四肢及后肢支持物的骨盘。但是该类动物也和他类动物相同，其所以欠缺上述的条件者，乃系因此等部份长期不用而致发育停止的结果。如果我们来考察今日尚有骨盘存在的海豹，其骨盘之小而狭，且无腰部以上的隆起，原因当然是在该种动物不常使用后肢；如果后肢的使用完全停止，则我们当然可以预知其后肢及骨盘结局会完全消失的。

上面所述的考察，因为不能将其确立于直接的、实证的证据之上，也许有人会以为不过是一种推想。但如果对著者在本书中所说明的观察予以若干注意，其次将著者所引用的动物及此等动物的习性和栖息环境约束的结果仔细的检考起来，就不难看到上述推想之具有极高的盖然性。

下面的表，可以帮助理解著者上述的事项。在这个表中，根据著者的考察，动物阶段的开始至少有两个特殊分枝；而在这两个分枝发生的过程中，某分枝似在某种情形下结束了它的阶段。

这个动物顺列，是据两个包含最不完全动物的分枝而开始的；每一分枝的最初动物，都是直接生成，即由自然生成。

有一个强有力的理由，足以妨碍我们去认识使已知动物成为形形色色、造成今日我们所见状态的、不断进行着的变化。这个理由，就是所谓此等变化我们决不能亲眼目睹的话。我们观察此等变化，因为决看不到变化的经过，故我们都相信自然界的各种动物常如我们所看到的那种样子，不信它们是由累进变化而成的动物。

在自然于动物界一切部份内无例外的、不断进行的变化中，有些变化因为是同时维持其动物界全体及其法则的，故无需人类生命之继续时间以上的时间。像这些变化，对于观察者是很容易认得的，但是观察者对于经过莫大时间后才得完成的变化，却无法认得。

请允许下述的假定，俾易明白著者的话：

如果人类生命之继续时间只有一秒之久，又若有一个开足发条而进行着的、如我们现在所有那样的钟或表，则观察钟或表之指针的每个人，虽然指针实际上并不停止，但在我们的一生中，却决看不到指针位置的改变。即使是累积三十代来观察，该指针的运动也并不显示我们什么；因为它的运动，不过是三十秒，要清楚的把握到，还嫌太少。于是虽然为极古的观察，若著者说该指针实际上已改变了它的位置；而看到这样叙述的人，因为都只能看到圆盘上同一点的指针，所以总不相信，以致陷于若干错误的推想中。

关于上述的考察，著者愿以这样的比拟贡献于读者。

自然（即一切存在及形体的、无限的全体，它的每一部份都有被法则所统制之运动及变化的永远的圆环存在着；这个全体为欲满足"至高创造者"之意，尽可能的使一切存在不变）应该被我们当作一个由各部份构成的全体来考察；它的构成目的只有创造者自己才知道，但无论如何，该目的在每一部份中决不是单独的。

各部份因为必须停止其存在，以完成发生变化而构成其他部份的使命，故站于与全体利害相反的利害关系上。而若某部份有理智活动起来，则该部份就会想到全体的造就并不妥当。但在实际上，这个全体是完全的，已经完全达到了至高创造者所赋予的目的。

各种动物起源的表

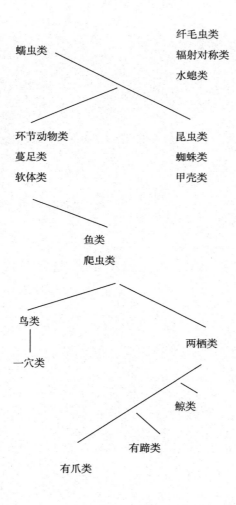

图书在版编目（CIP）数据

　　动物哲学 ／（法）拉马克著；沐绍良译. -- 北京 ：
华夏出版社有限公司，2025. --（西方传统 ：经典与解释）.
-- ISBN 978-7-5222-0789-6

　　Ⅰ．Q111

　　中国国家版本馆 CIP 数据核字第 2024B8V850 号

动物哲学

作　　者	[法]拉马克	
译　　者	沐绍良	
责任编辑	王霄翎	
责任印制	刘　洋	
出版发行	华夏出版社有限公司	
经　　销	新华书店	
印　　刷	三河市万龙印装有限公司	
装　　订	三河市万龙印装有限公司	
版　　次	2025 年 3 月北京第 1 版	
	2025 年 3 月北京第 1 次印刷	
开　　本	880×1230　1/32 开	
印　　张	8	
字　　数	165 千字	
定　　价	69.00 元	

华夏出版社有限公司　　　　　　地址：北京市东直门外香河园北里 4 号
邮编：100028　　电话：（010）64663331（转）　　网址：www.hxph.com.cn
若发现本版图书有印装质量问题，请与我社营销中心联系调换。

西方传统：经典与解释
Classici et Commentarii
HERMES
刘小枫◎主编